三年就是一辈子

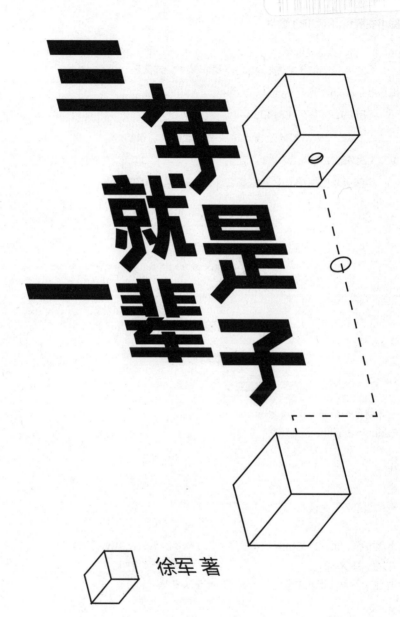

徐军 著

北方文艺出版社

图书在版编目（CIP）数据

　　三年就是一辈子 / 徐军著 . -- 哈尔滨：北方文艺
出版社，2018.10

　　ISBN 978-7-5317-4339-2

　　Ⅰ . ①三… Ⅱ . ①徐… Ⅲ . ①成功心理 – 通俗读物

Ⅳ . ①B848.4–49

　　中国版本图书馆 CIP 数据核字（2018）第 191659 号

三年就是一辈子

Sannian Jiushi Yibeizi

作 者 / 徐　军

责任编辑 / 王金秋

出版发行 / 北方文艺出版社　　　　　　网 址 / www.bfwy.com
邮 编 / 150080　　　　　　　　　　　经 销 / 新华书店
地 址 / 黑龙江现代文化艺术产业园 D 栋 526 室

印 刷 / 北京海石通印刷有限公司　　　开 本 / 710×1000　1/16
字 数 / 190 千　　　　　　　　　　　印 张 / 16
版 次 / 2018 年 10 月第 1 版　　　　印 次 / 2018 年 10 月第 1 次印刷

书 号 / ISBN 978-7-5317-4339-2　　定 价 / 45.00 元

三年就是一辈子

　　100 多年前，有一道数学题难倒了全世界的数学家。这道数学题是："2 的 67 次方减去 1 是质数还是合数？"这是一个数论的题目，虽然它的知名度远不如"哥德巴赫猜想"，但破解它的难度一点也不逊于后者。所有对此感兴趣的从事数论研究的数学家在做出种种尝试之后，全都无功而返。

　　没想到，1903 年 10 月，在美国纽约举行的世界数学年会上，一个叫科尔的德国数学家成功地攻克了这个难题。他的论证方法非常简单：把 193、707、721 和 767、838、257、287 两组数字竖式连乘两次，结果相同，由此证明 2 的 67 次方减去 1 是合数，而不是人们一直所怀疑的质数。他只借助于黑板和粉笔，就以令人信服的方式证明了这个结论。

　　一道悬置多年的难题解开了，这在数学界引起了巨大的轰动。更令人惊奇的是，科尔并不是专门研究数论的数学家，研究数论只是他的业余爱好。在接受采访时，记者问他："您论证这个题目花了多少时间？"他回答说："3 年内的全部星期天。"

　　有一位叫斯凯乐的人，从 2014 年开始，每天要求自己写一篇文章并发表在个人微信公众号上。刚开始写作很困难，只能记些流水账一样的日常生活，但坚持写作 1000 天后，他发现自己有了惊人的改变。例如，原来写一篇三五百字的文章都要花一个小时以上，但坚持 1000 天写作后，只用 20 分钟就可以一气呵成地完成一篇千字文。文章写完后，也不用像刚开始时那样需要反复修改，语句混乱到连自己都看不下去，现在只要稍加润色文章就能发表。因为写作水平提升，文章受读者欢迎，甚至有出版社来找他谈出书合作。

在坚持写作的过程中，他的微信公众号影响力越来越大，粉丝量猛增。他还做了一个付费社群，社群人数也在一直增长，收费也逐年提升，他的个人影响力越来越大。他不但改变了自己的命运，还影响了越来越多人的命运。坚持写作给他带来的收获，还有很多。如今他仍笔耕不辍，每天坚持写作，因为习惯早已养成，用他的话来说就是"写作已经成了一种瘾"。

他在坚持写作 1000 天后，发起了一项活动——"1000 天持续行动计划"。他经常在各种公开场合谈及这项活动，并号召希望提升自己的人们参与"1000 天持续行动计划"。这个计划的主题，用他的话来说就是"持续行动，为三年后的自己，扎实地做点事"。

1000 天，接近三年的时间，用这样一段时间，去设计规划好自己未来的路，然后切切实实地执行好，就一定会改变自己的命运。从这个角度和意义来说，三年就是一辈子。同时，未来也可以从现在开始设计、铺垫。

著名女作家张爱玲说过："对于年轻人来说，三年五年，也许就是一生一世。"经历过高考的我们，对这句应该都很有体会。高中三年，如果用来好好学习，努力进取，拼命考进一所名牌大学，未来的命运通常不会太差。

不仅仅是高考，在很多事情上的选择，以及努力程度，都会对我们这一辈子影响巨大。有时候甚至可以说，年轻时的一个选择，决定了我们的一生。如果你多了解几位如今年龄超过 60 岁、70 岁或者 80 岁的人，了解他们过往的人生经历，你就会发现，很多时候，二三十岁时的选择和努力程度，决定了五六十岁时的个人成就，以及六七十岁时的生活品质。从这个角度看，三年就是一辈子。

用三年时间，坚持自我修炼，这样的付出是足以帮我们更快实现梦想，甚至改变命运。而如果我们每天都得过且过，三年时间也会很快过去。之前曾听过一句发人深省的话："让未来现在就来。"我的理解是你的未来就取决于你的现在。你现在就设计好未来大厦的图纸，并买来建筑材料、破土动工……你的未来大厦才会一步步建筑起来。

无论你拥有什么样的梦想，未来想收获什么样的成就，从现在开始就武装自己。本书想要告诉大家的就是，与其不停焦虑未来会如何，不如去做一些具备共性的东西，也是成功必须具备的东西。

关于成长路径。未来是不确定的，但你可以用一个确定的目标引导自己前行。目标管理是做好人生规划的必备技能。学会如何制定长远目标，如何安排短期目标，是帮助你减轻焦虑坚定前行十分有用的方法。

关于个人优势。实现人生理想是一个过程，在这过程中不可避免地会走一些弯路。那么如何减少走弯路的次数呢？答案就是懂得经营自己的长处和优势。个人优势不是你花一小时两小时想出来的那个你认为的优势，而是你在与生活、工作中的难题一次次交锋后，忍痛总结出来的优势。越早明确自己的优势，对你以后的发展就越有利。

关于社会协作。对于合作共赢的重要性，几乎没有人会怀疑。处于当下这个互联网时代、多元化竞争时代，合作意味着你不仅要与身边熟悉的人合作，还要能够与陌生人协作。能够顺利地与掌握资源、技能的陌生人合作，那么解决问题对于你来说就会更容易。

三年是一个普通人迈上人生高一级台阶所需的最快时间。当你利用三年实现脱胎换骨并小有成就时，你得到的不仅是物质奖励，更重要的是，你对未来会更加充满信心。正是这份自信会帮助你更大胆、更坚定地走下去。

　　本书将是你奋斗路上的忠诚陪伴者，当你迷茫、不安、灰心丧气时，希望它能给你温暖的支持。

目录

第三章

时间资本：时间投在哪里，未来就在哪里

第四章

情绪管理：每天都要练习管控情绪的技能

第五章

社会协作：互联网时代，人脉更需要时间培养

第六章

深度学习：不断成长，才是一个人成功的模样

第九章

职场突围：再努力也只是加分，成功等于不可替代

第十章

投资勤奋：用三年的努力付出夯实未来腾飞的基础

第 一 章

路径选择：
有目标你的路才是直的

01

沿着正确的方向前进，才不会"瞎忙"

学过高尔夫球的人都知道，方向是最重要的。开始学习高尔夫球时，每一位高尔夫球教练都会反复对学员们强调这一点。虽然学习高尔夫球过程中，要学很多技术，要注意很多事项，但最重要的还是方向。对于打高尔夫球的人来说，方向就是门洞所在的位置。高尔夫球教练反复强调方向的重要性，是因为教练们最清楚把球往正确的方向打，远比把球打得足够远重要得多。

无论在工作中还是生活里，我们做事其实也和打高尔夫球一样，方向是第一重要的。方向正确，努力下去才有意义；方向错误，越努力反而让我们离想要的成功越远，白忙活一场。方向若是正确的，哪怕我们走得慢一点，只要坚持走下去，不断地付出，就一定能到达成功的终点，实现我们想要的目标。

有位成功企业家说得好："一个人必须心中有目标，才可能成为社会最需要的人；没有目标的人，目标定得太低的人，永远都不可能成为优秀者队列中的一员。"知道正确的方向，拥有明确的目标，并不一定让你取得非凡的成就；但如果没有明确的目标，不知道正确的方向，就一定无法取得过人的成就。

成功者往往目标明确、方向清晰。成功者都坚信，当他们胸怀远大目标的时候，其实就相当于自己从一开始就知道自己的目的地在哪里，只要努力朝着那个目的地努力前进，就一定能够取得成功。更重要的是，他们相信自己迈出的每一步的方向都是正确的，他们的忙碌不是"瞎忙"，他们的努力不会白费。

出租车司机老丁总能在最短的时间里把乘客送到目的地，所以很多坐过他车的乘客都会主动向他要一个联系方式，以便下一次出行时还能乘坐他的出租车。老马就是这些乘客里的一个。

有一天，老马要去参加一个很重要的绝不能迟到的会议。没想到他起床晚了，临出门时他发现离会议开始就剩下 15 分钟了。幸好，他约到的是老丁的出租车。上车后，老马便跟司机老丁说自己有急事，希望能走最短的路。老丁知道了目的地以及老马的时间要求后，便对老马说："先生，看样子您很赶时间，所以我建议我们走最快的路，而不是最短的路。"

老马一听很生气地说："最短的路不就是最快的路吗？司机先生，我现在非常着急，麻烦你快一点开车！"

司机老丁解释道："当然不是。现在是上班高峰期，最短的路随时都有可能发生交通堵塞的情况，那样的话反而会耽误您很多时间，所以我认为我们还是变换一下路线，虽然这样会绕一点路，但却是最快到达目的地的方案。"

老马同意了司机老丁的建议，选择了最快的路。事实证明司机老丁的选择是正确的，在途中他们发现距离最短的那条路正堵得寸步难行，恐怕得用半小时，交通才能恢复正常。而他们走的"最快"的路线，虽然路程远了一点，但因为畅通无阻，所以在 10 分钟内就到达了目的地。

能经常提供类似于这样的正确、高效路线方案的老丁，获得了乘客们的一致好评，每天的业绩也比其他司机要好很多，还年年被出租车公司评为优秀员工、业界模范。

如果老丁也像很多司机那样，乘客一上车就忙着开车赶路，而不是先迅速地分析、研究最快到达目的地的路线方案，他很难拥有这么多的回头客。正是因为他总能提供正确的方向和高效的方案，所以每天都不愁没有客人乘坐他的车，那些预约能让他每天都忙得很充实，几乎不用跑空车。

清晰的长远目标，能给我们明确的前进方向；而选择"最快"的路线迈向目标，则让我们事半功倍，绝不会"瞎忙"。

归根到底，想要做事高效，不"瞎忙"，首先要明确工作的方向在哪里，然后是找到"最快"到达目的地的方案，这样我们更容易成功。

02

找到你人生的核心目标，奋斗方向就错不了

　　无数事实证明，取得非凡成就的杰出人士与一事无成的平庸之辈之间的根本差别并不是天赋、机遇，而是有无清晰、长远的核心目标。无论你身处哪一个行业，如果你不能尽早确立自己人生的核心目标，就很难取得卓越的成就。

　　没有明确的人生核心目标，没有清晰的奋斗方向，你的生活就会很迷茫，做事就会很随意，不知道做什么事情最有利于自己的未来。很多人终其一生都像一个梦游者一样，漫无目标地"游荡"。他们对自己的作为不甚了了，因为他们缺少清晰、长远的目标。他们每天都按熟悉的"老一套"生活着、工作着，从来不问自己类似于这样的问题："我这一生要干什么？我要成为什么样的人？我人生的核心目标是什么？"

　　大唐贞观年间，在京城长安的西边，有一座磨坊，里面有一匹马和一头驴。每天，马出外拉东西，驴则在磨坊里拉磨。贞观三年，这匹马被高僧玄奘大师选中，和他一起出发经西域前往印度取经。经过 17 年的辛苦，这匹马驮着佛经回到了长安。

　　当马回到磨坊见到驴后，便滔滔不绝地谈起了这次旅途的经历：自己

在那浩瀚无边的沙漠里遇见的种种艰难，在高入云霄的山岭上遭受的种种危险，在寒冷的冰雪中遇到的种种奇异之事，在热海的波澜里的心潮澎湃……

这些传奇的经历，令驴子听了极为感叹，心驰神往，它艳羡道："你有多么丰富多彩的见闻、多么激动人心的经历啊！那么遥远的道路，那么凶险的旅程，我连想都不敢想。"

马也颇为感慨地说："就走过的距离来说，我们俩其实走了差不多长的路。当我向西域前行的时候，你其实也一步都没有停止过。不同的是，我同玄奘大师有一个遥远的目标，按照始终如一的方向前进，所以我们打开了广阔的视野，看见了一个全新的世界。而你被蒙住了眼睛，一生就围着磨盘打转，所以永远也走不出磨盘这方天地。"

杰出人士与平庸之辈最根本的差别，不在于天赋，不在于机遇，而在于有无人生的核心目标！就像上述的马与驴，当马始终如一地向西天前进时，驴只是围着磨盘打转。尽管驴一生所走出的步数与马相差无几，可因为缺乏长远的核心目标，它的一生始终在走那一个圈。

同理，对于没有人生核心目标的人来说，岁月的流逝只意味着年龄的增长，平庸的他们只是在日复一日地重复自己的庸庸碌碌。其实，无论你的核心目标是什么，换言之，无论你想成为什么样的人，无论你想拥有什么，你都应该及早地知道并确立好。无论你是想成为企业高管、大学教授还是明星歌手……你都需要把这个人生的核心目标确立下来，因为它将是指引你更快成就自我的"北斗星"。

无论我们有多大，社会角色是什么，从事什么样的行业，我们真正的人生之旅，其实都是从设定人生的核心目标那一天开始的。在此之前的人生，只不过是在每天绕圈子而已。下面这个故事，能帮助你更好地理解这段话。

很久很久以前，有一个只能进不能出的地方，叫比赛尔。在比赛尔的周围，是一望无际的沙漠，一个人如果陷入其中，凭着自己的感觉往前走，那么他很可能永远也走不出去，而只会走许多大小不一的圆圈，最后的足迹十有八九是一把卷尺的形状。因此，比赛尔里的人们都不敢往外走。有一天，一位青年误入比赛尔，然后没有听从当地人的劝告，而是执意穿过沙漠，走出了大漠。原来他发现，虽然沙漠里没有可以参照的东西，但是他可以让北斗星来帮助自己。于是，在北斗星的指引下，他成功走出了沙漠。

这位青年并没有就此罢休，他带着一群人，走出了一条新路，让比赛尔和外面的世界实现了联通。于是，他被比赛尔的老百姓称为"比赛尔的开拓者"，他的铜像如今被竖在小城的中央，在铜像的底座上刻着这样一行字："新生活是从选定方向开始的。"

是的，新生活是从选定方向开始的，而命运的改变是从确定人生的核心目标开始的。那么，你人生的核心目标确立好了吗？你人生的"北斗星"在哪里？

03

不想当将军的士兵，不是好士兵：长远目标很重要

如果你是一名上班族，刚好又处于发展瓶颈期：想升职加薪却机会渺茫，想跳槽又找不到合适的去处，想创业又缺乏资金支持。你感觉自己仿佛置身于一片看不到边际的职场沙漠中，不知道怎样才能走出这片沙漠，进入繁华的成功绿洲。

走出职场沙漠，让自己跨入黄金发展期的关键是什么？是设立一个明确的长远目标，让自己在这个目标的指引下，不断努力奋斗。如果没有清晰的长远目标和明确的努力方向，我们就会在"职场沙漠"里不停地兜圈子，直到耗尽了青春才发现，自己已被"困死"在这片区域里。

在美国商界，李·艾柯卡这个名字绝对是响当当的。在美国，李·艾柯卡的名头一点也不比比尔·盖茨、沃沦·巴菲特、杰克·韦尔奇这些世界闻名的美国商界精英小。艾柯卡能够在美国商界比肩比尔·盖茨等人，其成功的原因之一，就是他从一开始就设立好了一个非常明确的长远奋斗目标。

大学毕业后，艾柯卡进入美国福特汽车公司实习，成为一名见习工程师。但艾柯卡志不在此，他对整天同无生命的机器打交道的工作很快便感到厌烦。到后来，这样的日子对他来说更是一种煎熬。他更想去做的工作是销

售，因为一方面他喜欢销售这种很有挑战性的工作；另一方面他觉得搞技术工作，晋升起来会很慢，而只有从事销售才有可能实现他在35岁前当上福特公司副总裁的职场奋斗目标。终于，他的上司经不住他的软磨硬泡，同意把他调到销售部门，成为一名推销员。

也许艾柯卡天生就适合当推销员，去销售部门上班没几天，他就迅速学会了好几招说服技巧，并练习揣摩顾客的心思。而这些都是一名推销员想取得良好业绩所必备的本领。很快，他便取得了很好的销售业绩。又过了不久，由于业绩突出，他被提拔为美国宾夕法尼亚州威尔克斯巴勒地区的销售经理。几年后，艾柯卡又被晋升为美国费城地区的销售副总经理。相比于和他同期进入福特公司的同事，他的晋升速度非常快。事实上，艾柯卡根据自己的个人兴趣爱好、优势长处来给自己设立的目标和做出的选择，是非常正确的。试想，如果他没有执意要去做销售的话，恐怕几年后仍然是一个小小的工程师。

这一年，福特公司推出了他们最新款的56型车。为了扩大销量，艾柯卡在自己负责的销售区域里推出了"56元换56型"的销售计划。也就是说，顾客想购买一辆56型的福特新车，只要先付20%的车款，以后每个月付56美元，只要在3年内付清即可。

艾柯卡创造的这种全新的销售模式，大受当地人的欢迎。不到3个月，福特汽车在费城地区的销售量竟然奇迹般地从原来的全美最后一名，一跃成为全美第一名。他的这种"分期付款销售模式"得到了福特公司高层的高度重视。

很快，福特公司便在全国各地推广这种分期付款销售模式。公司的年销量猛增，艾柯卡因此名声大振。不久，为了表彰艾柯卡的功绩，福特公司晋升他为整个华盛顿特区的销售经理。

又过了几个月，年仅32岁的艾柯卡被调回了福特公司的总部，担任卡车和小汽车这两个销售部的部门经理，在副总裁、后来成了美国国防部长的罗伯特·麦克纳马拉手下工作。

在总部工作期间，他不但充分发挥了大家熟知的销售才能，还显示出了非凡的管理才能，深受麦克纳马拉的赏识。

四年后，麦克纳马拉升任总裁，艾柯卡则接替了他的位置，出任福特公司的副总裁，时年36岁。这比他在刚刚进入福特公司时给自己设立的"35岁前当上福特公司副总裁"的长远目标计划，只晚了一年。

能在36岁当上福特公司副总裁，艾柯卡靠的不仅仅是自己杰出的销售才能和卓越的管理才能，还有自己明确的奋斗目标。虽然这个长远目标在刚刚设立的时候如果他说出来，绝大多数人都会觉得他是不自量力甚至是天方夜谭。但对于他来说，正是这个长远目标对他的不断指引，才使得他坚定地朝着一个方向不停地奋斗，并最终从一个小小的推销员晋升为福特公司的副总裁。这也为世人提供了一个在自己岗位上创业成功的真实的经典案例。

不想当将军的士兵，不是好士兵。我们不但要有人生的核心目标，还要有长远目标。核心目标是人生的终极目标，长远目标本质上还是阶段性目标。人生太长，如果仅有终极目标而没有长远目标，我们很可能会因为目标太过遥远而不知所措。但如果有长远目标作为阶段性目标，我们就有清晰明确的奋斗目标了。

每个人在人生的不同阶段，都会有不同的长远目标。例如，刚升入高中时，我们的长远目标，几乎都是要在三年后考上名牌大学；而进入职场后，第一个长远目标，可以是三年后薪水收入达到多少，坐到哪个职位上等。当我们达成了每一个阶段的长远目标后，下一阶段的长远目标又在等着我们去设立了。当我们把每一阶段的长远目标都设立得很好，并且都很圆满地实现了，我们的人生核心目标就一定会实现，我们的梦想也终将达成。所以，在确立人生的核心目标之后，还一定要学会设立自己的长远目标。

04

目标确立得越早，成功来得越早

有成功人士曾说："人生应当有目标，否则，你的努力将属徒然。"通过前面的内容，我们已经知道了设定目标和找准方向的重要性，明白了成功就是达成了预设的目标。可见，目标既是我们奋斗的方向，又是衡量我们是否成功的尺度。那么，我们该怎样设立目标，才能更早地迎接成功的到来呢？不妨用"SMART"原则来帮助一下自己。

很多成功学和管理学书籍都会提及确立有效目标的"SMART"原则。什么是"SMART"原则呢？也就是说，我们设立的目标有效与否，应该符合五个条件：（1）Specific——具体的；（2）Measurable——可以量化的；（3）Attainable——能够实现的；（4）Relevant——相关系；（5）Time-bound——有时间期限的。

将"SMART"原则再简化一下，我们发现，有效目标的核心条件可以概括为两个：（1）量化；（2）时间限制。

怎么理解"量化"呢？量化，首先是要"数字具体化"，也就是说，如果某个目标能用数字来描述，就一定要写出精确的数字。例如，你未来三年的年收入目标，可以量化为第一年10万元、第二年50万元、第三年100万元，诸如此类。

其次，量化是要"形态指标化"，也就是说，如果你确立的目标不能直接用某一个数字来描述，就必须进一步分解，将其表现形态全部用数字化指标来补充描述。例如，你想要买一辆车子，为了达成这个目标，你应该具体说明：什么品牌的车、什么价位的车、买什么颜色什么车型的车、采取什么样的付款方式购买、去哪个店购买等。

时间限制是指你所确定的目标，必须有一个明确的实现期限，可以具体到某年某月甚至某日。没有时限的目标，不是一个有效的目标。如果你不为你的目标设定时间限制，你可能轻而易举地就为自己找到无数个拖延的借口，使你目标的实现之日变得遥遥无期。例如，你要购买一辆车子，除了上面提到的这些"形态指标化"的描述外，还应该加上"找哪年哪月"甚至具体到"哪一天"去购买你想要买到的车。

下面这四组乘法等式是已故著名作家冰心在其 80 岁生日那天列出来的：

$80 \times 365 = 29200$；

$29200 \times 24 = 700800$；

$700800 \times 60 = 42048000$；

$42048000 \times 60 = 2522880000$。

冰心说，人的一生如果活了 80 岁，就由这十位数的秒组成。而现在你已经提取了许多时日，在你生命的库存中也许只剩下九位数、八位数，甚至更少。

也许能像冰心那样给自己算过时间账的人，少之又少。可以说，极少人能准确无误地把自己过了几位数说出来。很多时候我们在买水果蔬菜时、在买衣服鞋子包包时、在经营店铺时、在财务预算时……能把账算得很细，几元几角几分，都能列得清清楚楚。那么，我们在经营人生时，为什么不能仔仔细细、认认真真地算一下人生这笔账呢?

如果你今年 25 岁，希望三年后 28 岁时，达成某个一定要达成的目标，那么你就只有 3×365=1095 天；如果现在 25 岁，想要 30 岁时成功，那么你只有 5×365=1825 天。切记，如果可以，请一定要在自己体力、精力、创造力等都最强的这几年，抓紧每一天，尽早成功。

通常，一个人在 25 岁以前是求学探索阶段；25~30 岁阶段是明确自己想做什么并努力尝试阶段；在 30~35 岁之间，是实现目标的关键时期；35~45 岁是你人生大发展、大收获的阶段。

但总的来说，目标确立得越早，成功来得越早。生命有限，尽量让自己少走弯路。怎么做才能少走弯路呢? 就是尽早确立明确、清晰的目标，然后朝着正确的方向迈进。当然，要使长远目标更早地实现，最常用也是最有效的方法，就是将目标分解量化为具体的行动计划，使自己每天甚至每小时都知道应该做什么。

将目标量化分解为具体的行动计划，最常用的是"逆推法"。你要达成某个大目标，就要将这个大目标分解成为一个个小目标，由高级到低级层层分解，再根据时限，由将来逆推至现在，明确自己现在应该做什么。例如，你要三年后拥有一千万元的存款，为了实现这个大目标，你需要首先分解未来的三年，每一年要达成多少目标，即赚到多少钱；然后每一年里，具体到一年四个季度，一个季度再分解到每月、每周完成多少目标。

"逆推法"的简单示意如下：

即时行动←更小的目标←小目标←大目标

用"逆推法"分解量化目标为具体行动计划的过程，与实现目标的过程正好相反。分解量化大目标的过程是逆时针，由将来倒推至现在。实现目标的过程是顺时针推进，由现在到将来。其实，任何一个大目标，都可以用

"逆推法"这样来分解量化，然后用行动落实。

　　无论什么目标，也不管目标有多大，每一个目标都要分解到你现在应该做什么，使你现在的行动与你未来的愿望、梦想联系起来，使目标有了切实可行的行动基础，否则，你的梦想就只能是一直在梦里想想。

05
不要定下你永远都触摸不到的目标

有不少大学应届毕业生，尤其是名牌大学的毕业生，在初入职场时往往雄心勃勃，发誓要在职场里大展拳脚，干一番大事业。有人给自己定下的职场目标是：3 年内，成为公司的部门经理；5 年内，年薪 60 万元；8 年内，成为公司的副总经理甚至总经理……有目标是好事，为自己确立人生的核心目标、长远目标、中期目标、短期目标，都是非常有必要的。然而，目标定得太高，让自己无论怎么跳都够不着，那这样的目标和没设立目标没有什么区别。

如果不好好审视自己，认清自己的优势、劣势，不能充分了解自己所处的环境和人际关系，不好好对比行业内的基本情况，就胡乱地给自己设立目标，那么这样的目标是不可能达成的。目标总是无法达成，不仅会带给自己沉重的打击，甚至使自己对设立目标的重要性也产生深深的怀疑。其实，不是你设立的目标有问题，而是你设立目标的方法有问题。

朱鸿元是一家贸易公司的会计，毕业于名牌大学，拥有注册会计师资格证，这两项优势让朱鸿元觉得三年内做到财务总监的位置，不成问题。为了更有把握地实现这个目标，朱鸿元把这个目标分拆成了几个小目标。这几个小目标具体是这样的：第一年，自己要争取在公司里崭露头角，引起领导们的重视；第二年，坐到财务经理的位置；第三年，成为财务总监。

时光匆匆流逝，一年的时间很快就过去了。在公司里，朱鸿元的工作表现很不错，受到了领导们的赞赏与肯定。根据当初设立的目标，第二年朱鸿元继续奔向"财务经理"这个目标。

但令人遗憾的是，又一年过去了，朱鸿元只是被公司晋升为财务经理助理，离经理的位置还是有一段距离。这样的结果让他有些泄气。他想不出自己哪里做得不好，觉得自己过去两年来一直都表现得很好，工作兢兢业业，任劳任怨，关键时刻从来没有掉过链子。当然，公司没有按自己想的那样提拔自己，自己又说不出什么来。但朱鸿元想，如果按照这样的"进度"发展，自己在三年内成为财务总监的目标很可能就实现不了了。

他越想越沮丧，甚至觉得自己五六年内可能都获得不了财务总监的位置。于是，他内心很纠结，郁闷的情绪在心中挥之不去。更糟糕的是，这样的消极情绪，开始影响他的工作状态，使他在工作中差点犯下大错。领导发现了他的状况后，便找他谈心，终于发现了问题的症结，最后好好开解了他，让他从消极的情绪里解脱了出来。

朱鸿元因为自己的三年目标没有达成而烦恼，进而产生消极情绪，影响了工作。他的问题症结在于给自己订立的目标太高。谚语说得好："一口吃不成个胖子。"朱鸿元这种急于求成的心态，很容易使他视升职为唯一目标，并且会因为没能实现目标而变得一蹶不振。

对自己有期望是应该的，但对自己期望过高就容易自寻烦恼。人生路上，无论是在生活里还是在工作中，我们都尽量不要去追求那些与自己能力并不相符的东西。还有一种情况就是，我们觉得自己有能力追求想要的东西，但我们往往忽略了身边还有很多竞争者，他们并不比我们差，甚至还有人比我们强。在这种情况下，假如我们的目标没有达成，也一定要看得开，放得下，敢于尝试就是一种成功。

没有金刚钻，不揽瓷器活。我们其实最应该做的是正视自己。我们可以为自己的未来设立高标准的目标，胸怀远大的理想，但这不代表我们现在已经具备了达成目标、实现理想的能力。任何事物的发展都需要符合规律，遵循规律去努力，这样成可喜悦，败亦不悲。

在设定目标这个问题上，聪明的做法是，不要只盯着那些所有人都在盯着的宏大目标，也不要总想着先去衡量目标究竟有多大的价值，然后再决定去付出。我们要抓紧最现实、最容易实现的那个目标，先实现了。当我们学会了设定合理的目标去追求，当我们通过努力一次次实现预定目标后，达成那个宏大的终极目标，就是水到渠成的事。

06

超越既定的目标，一次又一次

如果你实现了一个目标，在追求下一个目标时，你会不会把目标设立得比之前的高一些？还是依然追求和原来差不多的目标？例如，你是一位推销员，你今天的目标是完成 5000 元的销售业绩，通过努力，目标圆满完成。那么你在设立明天的业绩目标时，是继续设立 5000 元的销售业绩目标，还是要比 5000 元多一些，如 5500 元、6000 元等？

如果让松下电器的创始人松下幸之助来为自己设立目标，那么他设立的第二天的目标一定会比今天的高一点。他曾说过："我珍视每一个日日夜夜，做好每一个细节、每一项工作。在创业开初，每天的营业额仅 1 日元，后来就期盼一天能有 2 日元，等达到 2 日元了又渴望能做到 3 日元……如此不断追求，不断超越，追求更好的脚步从未停止。"他这样说，也是这样做的，让自己不断超越既定的目标，一次又一次。

想要使自己取得巨大的成就，创造非凡的业绩，就一定要在每次设立新目标时，比原来的目标高一点点，不需要高出太多，跳一跳刚好摸得到就好。当你能持续完成目标时，你的自信心也会不断地提升。日积月累，你就会取得旁人无法企及的成就，成为你所在行业里的"巨人"！

曾多次荣获"欧洲先生""环球先生""奥林匹亚先生"等健美界桂冠的美国人阿诺德·施瓦辛格，是家喻户晓的好莱坞动作电影明星，后来他还成了电影导演、制片人，再后来他还参加美国加利福尼亚州州长竞选，并成功当选。

施瓦辛格的人生之路，如果用一个词来诠释，就是"超越"，他给自己设立了一个又一个在别人看来无法企及的目标，并最终凭借自己的努力，全都一一实现。

从小时候起，施瓦辛格就立志要成为世界上最强壮的人。14岁时，他对健美产生了浓厚的兴趣。为了实现成为最强健美运动员的目标，14岁的施瓦辛格开始努力锻炼肌肉。他付出了比其他健美运动员更多的努力，例如，别的健美运动员做10次的动作，他则做足20次，并且加倍磅数。通过如此艰辛的训练，他实现了自己的目标，成为他那个时代当之无愧的世界级健美运动员"第一人"。

接下来，施瓦辛格成功地进入了美国演艺圈，从《大力士进城》到《终结者》系列，施瓦辛格重新以一个演员的身份，被世人牢记。实现了电影梦的施瓦辛格，不久后又朝着他的另一个目标努力迈进，那个目标就是成为美国加利福尼亚州的州长。2007年，施瓦辛格顺利当选，成为第38任美国加利福尼亚州的州长，开启了自己的政治生涯。

想要更快更好地实现自己的理想，就必须给自己制定较高的目标。在设立目标的时候，更重要的是，每一次小目标的设立，都要比上一次圆满完成的目标高一点。当你完成了一个又一个不断提升的目标后，你必能登临到梦想的最高处，站在成功之巅。

被世人尊为"股神"的沃伦·巴菲特大学毕业后，他的人生目标是成为一名专业的投资人。为了实现这一人生核心目标，他选择回到老家奥马哈，进入一家证券公司上班，原因只是为了自己能进入这一行业。工作一年后，巴菲特积蓄了一笔钱（约有 1 万美元），他希望用这些钱来投资，向着自己"成为一名专业的投资人"的目标迈进。

在和未婚妻商量之后，巴菲特没有购买新房，而是租了一套房子就结婚了。这些省下来的钱，巴菲特全部拿了出来，用以发展自己的事业。四年之后，26 岁的巴菲特成立了巴菲特联合有限公司，开始创业。又过了两年时间，他的投资已经开始稳定获利；十年之后，他赚到了自己人生中的第一个 100 万美元。2008 年，巴菲特以 620 亿美元的资产，一段时期内成为"世界首富"。

如果巴菲特没有"成为一名专业的投资人"这个人生目标，或者说目标很明确但执行起来却马马虎虎，那么他的事业很可能永远停留在"想象"的层面。设立清晰明确的长远目标，然后分解量化目标，每完成一个小目标，设立下一个小目标时，都比原来的目标高一点。持之以恒，你的长远目标必定能够圆满达成。

总之，将长远目标分解成短期目标，实现起来才会更加迅速有效。而每一个目标都比上一个已经被圆满完成的目标设立得高一点，你终将成就非凡，无人能及。

07
千万别让自己成了"贾金斯式的失败者"

　　古语说得好："有志者立长志，无志者常立志。"有远大志向的人，一定要在某方面成就自己的人，往往会立下清晰的长远目标、明确的奋斗理想，然后付诸行动，遇到任何困难都坚持不懈，绝不放弃，直到理想达成。

　　没有远大志向的人，虽然也很想成功，但总是一遇到困难就改变目标，一遭受挫折就放弃。所以即使设定了目标，但因为目标总是改变，最终依然一事无成。最有代表性的一个词语叫"贾金斯式的失败者"。什么是"贾金斯式的失败者"呢？这源于一个叫贾金斯的人的故事。

　　话说贾金斯还很年轻的时候，有一天在外面闲逛，突然发现有个人正准备把一块指示牌钉到树上。贾金斯走上前去，要帮对方一把。他拿过木板看了一眼，然后说："哥们儿，你应该把木板的一头锯成箭头状，这样才能给大家指示正确的方向。"但现场没有锯子，于是贾金斯便找来了锯子。没想到，他锯了几下就停下了，说锯子太钝了，他要找一把锉刀来，把锯子磨快一些。

　　锉刀是找来了，但他发现锉刀的手柄已经掉了。为了使用起来更顺手一些，他决定给锉刀安装一个手柄。于是他去灌木丛里寻找小树，准备挑一根可以作为手柄的枝干，砍下来加工好，作为手柄。这时他意识到自己需要一把斧头。斧头找来了，他发现斧头好久没使用了，需要磨快一下。要磨斧头，就需要磨石。但他在村里找了半天都没找到磨石，于是他决定到村外去找。没想到，他这一走，就再也没有回来。

他到了外面，发现外面的世界真棒。为了更好地适应外面的世界，他其实一直很努力地学习。然而，他无论学什么都半途而废。他曾废寝忘食地攻读过法语，但他认为，要真正掌握法语，首先要对古法语有透彻的了解；当他学了半天古法语后，他又认为，如果没有对拉丁语的全面掌握和理解，要想学好古法语是绝不可能的，于是他又把古法语的学习放下，开始钻研拉丁语。学了一些日子的拉丁语后，他又发现，掌握拉丁语的捷径是学习梵文，结果他又一头扎进了对梵文的学习之中。

就这样，这个语种学一点，那个语种学一点，学习了好几年，贾金斯依然什么语种都没有掌握，甚至连门在哪里都没摸着。他从没获得过什么学位，所受过的教育也始终没有用武之地。幸好，他的先辈为他留下了一大笔钱。于是，他拿出了 10 万美元去投资办一家煤气厂，可是煤气厂所需的煤炭价钱昂贵，这让他亏了不少钱。无奈之下，他以 9 万美元的售价把煤气厂转让了出去，然后开办起了煤矿厂。可他依然很倒霉，付出了一番心血，这煤矿厂还是没有为他赚到钱，所以他把在煤矿厂里拥有的股份作价 8 万美元，卖掉了。随后又转入了煤矿机器制造业。然而，他依然没有获得命运的青睐，投资煤矿机器制造工厂又以失败告终。就这样，他从投资这个失败，然后转向投资另一个项目；投资这家工厂失败，然后转向另一家工厂……最终把祖上留给他的钱折腾个精光。

贾金斯也谈过很多次恋爱，但每一次恋爱都以失败告终。他喜欢上了一位姑娘，于是就勇敢地去向她表白了。为了让自己能配得上她，贾金斯开始努力在学识上让自己变得渊博一些，行为上变得绅士一些。于是，他报了这些方面的学习班，然后去上课。然而，他去上了一个半月的课，就再也不想去了。过了几天，他又报了另一个班，但去上了一个月，又不去了。就这样换来换去两年时间过去了，当他认为自己已经学识渊博、风度翩翩，可以正式向对方求婚的时候，他才发现，那位姑娘早已嫁人。她的丈夫，看起来远远不如自己。

贾金斯虽然受了很大的打击，但并没有气馁多久。很快，他便无法自拔地爱上了一位漂亮的、有五个妹妹的姑娘。可是，当他上姑娘家时，却转而喜欢上了二妹。不久之后，他又喜欢上了三妹。过了几天，他又向四妹表达爱意。又过了几天，他转而追求五妹。到最后，这几位姑娘他一个也没追上。

恋爱没有成功的贾金斯，在经济状况方面也变得每况愈下，越来越穷。当他卖掉了最后一项营生的最后一份股份后，他用这笔钱买了一份可逐年支取的终生年金。可是这样一来，可支取的金额将会逐年减少，因此，他要是活的时间太长了，早晚都得挨饿。

总是变换目标的人，永远也不可能成功。在现实生活中，想要改变自己处境的人很多，但是很少有人将这种改变处境的欲望具体化为一个个清晰明确的目标，并为之奋斗。结果，这些人的欲望也仅仅只是欲望而已。还有更多的人像贾金斯那样，看起来也有目标，然而目标总是在变，甚至连短期目标都还没有达成，就已经改变了，变成另一个短期目标。当养成了动不动就变换目标这样的坏习惯后，无论是人生的哪一方面，都必将是一事无成。这，就是"贾金斯式的失败"。

清晰、明确、科学的长远目标，对人生有着巨大的导向性作用。任何伟大的成功，在一开始时都仅仅是一种选择而已。你选择什么样的长远目标，就会有什么样的人生。

为什么大多数人没能拥有成功的人生？因为大多数人不是习惯于经常转

换目标，就是只知道空想而不去付诸行动。

如果我们将一只蜥蜴截成两段，会发现它的一半会向前跑，另一半会向后跑。这就像一个人在做事情时如果将目标分开，也会变成这样，"一半向前跑，一半向后跑"。诸事平平，不如一事精通，做事情总是蜻蜓点水的人绝不会成功。相反，如果你能在一个行业里踏踏实实地深耕十年二十年，就一定能成为这一行业的佼佼者。

切记，成功不会光顾那些注意力分散的人。请好好地树立自己的远大理想、长远目标，然后不轻易改变，无论遇到什么样的困难与挫折，都想方设法坚持下去，直到目标达成。

第 二 章

Chapter 2

经营优势：
用三年打造并推广你的个人品牌

01
定位搭建舞台

　　选择的浪费是人生最大的浪费。很多人都知道这句话："世上本没有垃圾，只有放错了位置的财富。"人其实也一样，让 A 去做某件事，可能他不会做或者做得很不好，但让他去做另一件事，却很可能做得非常出色。又如，B 很擅长做美食，却非要去做建筑工人，那么他就是在浪费自己的人生。

　　怎样把自己放在一个正确的位置上，能够充分地发挥出自己的优势、长处、天赋，这是每位渴望成功的人必须深思的"人生定位"问题。想要更准确地设立目标，更高效地管理目标，就一定要做好自己的人生定位工作。

　　简单地理解，人生定位是指自己究竟想做一个什么样的人，要给自己的人生一个什么样的说法。人生定位包括两个方面的内容：一是做人方面，自己要做一个什么样的人；二是做事方面，自己的一生要以什么为业，也就是自己的职业定位是什么。

　　给自己的人生定位，最主要的是要知己，懂得进行自我分析。自我分析主要分析三个方面：一是自己对什么最感兴趣，也就是解决"自己想做什么"的问题；二是自己拥有什么样的能力，也就是解决"自己能做什么"的问题；三是自己拥有什么样的人格，也就是解决"自己适合做什么"的问题。

　　资深的管理人士都对这句话深有体会："没有最好的，只有最切合实际的。"进行人生定位时，这句话同样可以作为我们的指导原则。当我们选择一项职业时，其实没有对与不对，只有适合与不适合。每个人的个性、天赋、才能、成长经历、所处的环境等都是不一样的，我们要做的不是抱怨自己不如别人的地方，而是认真分析自己的优势，找出适合自己的领域。

　　无论你人生的核心目标是成为一名拥有亿万财富的企业家，或者是成为一名为人民服务的公务员，还是成为一名保家卫国的军人……唯有在开始行动前，找准自己的定位，梦想实现的路径才能明确。而要找准自己的定位，你就一定要清楚地了解自己的特长，知道自己的个人核心竞争力是什么。

　　林家浩是北京一家公司的老板。在和朋友闲聊时，他常常谈起自己刚到北京那几年的"发迹史"。1995 年，林家浩从陕西来到北京，像很多"北漂"一样漫无目的地寻找赚钱的机会。为了解决生存问题，他进入一家公司打工。因为喜好速记，所以他经常主动找机会练手。时间一长，公司很多人都知道他有速记这个"绝活"。

　　一次偶然机会，他被朋友介绍去给一位退休老干部做速记，由老干部口述，他做记录。由于多年的练习，他对此轻车熟路，出错率很低。再后来，这份笔录经过编辑整理，成为一本新书，被一家出版社包装出版了。

　　通过这次经历，林家浩审视自己的速记技能，并着手调查北京市场对速记的需求。结果发现，速记正是当下抢手的热门技能，通过做速记能够赚到大钱！于是，他花 2000 元买了一台二手笔记本电脑，并到处应聘兼职为他人做速记。后来，他注册了一家速记公司，培训新人做速记，努力地发展业务。再后来，他已不仅为个人做速记，还开始承揽各种会议的速记。当时的北京，速记的市场覆盖率还不足 10%，所以林家浩的公司获得了飞速的发展，赚了很多钱。

　　从这个案例里，我们可以看到，林家浩通过充分发挥自己的核心竞争力，使自己的事业取得了成功。林家浩回顾完自己发掘"第一桶金"的历程后，感慨地说："这其实只是一个不成熟的领域，我碰巧拥有这个不成熟领域里成熟的技术，把握住了这一点，我其实就已经成功了一半；还有，不管面对什么压力，我都会坚持认定的目标，这样我就得到了另一半的成功。"

不同的人适合不同的行业，每个人都应发掘、打造专属于自己的核心竞争力，并主动寻找机会将核心竞争力与实际工作结合起来。真正的强者绝不是等到机会出现再临时抱佛脚提高技能，而是厚积薄发主动出击。

没有最好的，只有最合适的。有的人适合在商海里打拼，做一个出色的"弄潮儿"；有的人喜欢官场的氛围，处理复杂的人际关系得心应手；有的人精于传道授业，所以很适合做一位老师；有的人听到军营的号角就激动，愿意过军旅生活……所以，每个人最重要的是要明白自己适合做什么，给自己的人生定好位。只有这样，才能最大限度地发挥自己的聪明才智，才能在自己的行业中取得巨大成功。

02
如果工作是一种乐趣，人生就是天堂

那些取得了伟大成就的人都非常善于经营自己的兴趣和长处，并将其与工作联系起来。伟大的德国诗人歌德曾说过："如果工作是一种乐趣，人生就是天堂。"把兴趣和工作挂钩，产生的必将是一种最良性的职业状态。保持对工作的兴趣，发挥自身的长处，是能取得巨大成就者的共同点，也是他们能够成为卓越人物、比别人更快成功的主要原因。

曾经有家调查机构对一些成功人士做了一番调查。调查结果显示，大部分成功人士都会把兴趣列为帮助自己成功的重要因素之一。因为兴趣最容易升级为热爱，而热爱是努力工作的最强动力。的确，纵观历史上颇有建树的成功人士，他们都非常热爱自己所从事的事业，并且都能够很好地、巧妙地发挥自己的长处。

菲尔·琼森的父亲经营着一家洗衣店。在琼森很小的时候，父亲就让他在店里帮忙，希望他将来能接管这家店。但菲尔很讨厌洗衣店的工作，所以每次到洗衣店里干活时，都表现得懒懒散散、无精打采。他每次只是勉强去做父亲安排的工作，对洗衣店的运营情况则是漠不关心。他这样的行为让父亲既失望又苦恼，觉得自己养了一个不求上进的儿子。

有一天，菲尔跟父亲说他想去一家机械厂工作，要做一名真正的机械工人。"不行！你有非常熟悉的洗衣店工作不干，却想着从零开始去做机械工人，你是怎么想的？这样做真是太愚蠢了！"父亲很生气，坚决不同意菲尔去做机械工。

但是，菲尔觉得自己的兴趣就是机械。于是，他不顾父亲的反对，坚持穿上了油腻、粗糙的工作服，开始了更累、时间更长的机械零部件制造工作。

在这份工作里，菲尔获得了前所未有的快乐，每天都觉得自己过得很充实，一点也没觉得苦。有时候，他还会一边工作一边吹口哨。同时，他还利用业余时间选修了工程学课程，学习机械制造的知识，深入研究引擎、发动机等。

后来，他在飞机制造领域获得了巨大的成功。1944年，当他去世的时候，他已经是波音飞机公司的总裁了。他在世时，还曾制造出"空中飞行堡垒"轰炸机，为盟军赢得第二次世界大战做出了巨大贡献。

试想一下，如果菲尔放弃了自己的兴趣，选择留在洗衣店，那么他的命运又会怎样呢？也许洗衣店会破产，菲尔将失业，从而变得一贫如洗。但可以肯定的是，如果他一直待在洗衣店里，那么将很难取得像在机械制造领域那样的伟大成就。

善于经营自己的兴趣和长处是促进个人事业取得成功的法宝。将兴趣发展为事业，这样的人往往更容易达成人生目标。相反，持有"这份工作真无聊，真的很不适合我"的想法的人，即使勉强让自己去工作，也很难做得好，更别说在行业里取得大的成功。

很多人都知道，皮尔·卡丹是一个享誉全球的服装品牌。而很多人不知道的是，这个品牌的设计师皮尔·卡丹本人是一个从小就对服装设计非常感兴趣的人。

当皮尔·卡丹设计出他人生中的第一件衣服时，他仅仅8岁；当他成为一名见习时装设计师时，他才 14 岁。在皮尔·卡丹的一生中，他凭借自己独特的天赋与不懈努力，创造了数万种时装款式，设计出了 500 多种各类服装产品，并在全球至少 93 个国家畅销。

试想一下，如果当初皮尔·卡丹没有从自身的兴趣出发，没有主动地去发挥他的天赋，那么他最终会成为什么样的人呢？很可能会是一个默默无闻过着庸庸碌碌生活的人。

有句话说得好："有了爱好，才能做得精巧。"当你从事自己感兴趣的工作，就甘愿竭尽全力地去做好它，而这样的拼搏精神最终会帮助你步入成功的殿堂。

适合从事广告文案撰写或者海报设计等具有创意性工作的人，如果让他们使用电脑做表格计算等会计方面的工作，他们就会感到很痛苦，而且很可能错误百出；有绘画、歌唱天赋，特别感性的人，如果让他们整天西装革履夹个公文包到处开会，那可能会把他们逼疯。

很多人与成功擦肩而过，正是因为没有经营好自己的兴趣与长处。所以，只有培养好你的兴趣，才能产生推动工作向前发展的强劲动力；只有发挥好你的长处，才能让你的人生不断增值，不断创造出奇迹。

1952 年，以色列当局给爱因斯坦寄去一封信，信中诚恳地邀请爱因斯坦担任以色列总统。在很多人看来，作为犹太人的爱因斯坦对此邀请一定备感荣幸，并会欣然接受。然而，爱因斯坦毫不犹豫地拒绝了。当被问及为什么要拒绝出任以色列总统时，爱因斯坦回答道："我这一辈子都在同客观物质打交道，因而既缺乏天生的才智又缺乏足够的经验来处理行政事务与复杂的人际关系，也不懂怎样做才能公正地对待每一个人，所以，我并不适合担当如此重任。"

从爱因斯坦的回答可以看出，他既清醒又明智。从这番话我们不难看出，他的智慧不仅仅体现在发现了相对论，还体现在发现了自己。他深深地知道自己的优势所在，知道把自己摆在哪个位置才能真正地发挥自己的才能。换言之，爱因斯坦一生都在最适合自己的位置上做着最正确的事情。

在人生路上，如果我们把眼光投向自己所喜欢的事情，那么我们不但能使属于自己的大部分工作顺利地完成，还能在工作过程中迅速地增强自信。当我们能够顺利做成的事情越多，我们的成就与个人影响力也会越大。总之，想要让自己做事更快乐，生活更充实，那么请一定要学会经营自己的兴趣和长处。

03

发现你的优势，打造核心竞争力

在一个商业街附近的胡同里，住着一对夫妻。夫妻俩开了一家小店，卖纽扣、胸花、头饰、抱枕之类的日常生活小物件，生意不好也不坏。一天下午，店里没什么客人，作为店长的丈夫便找出前两天刚买的一本书看起来。这本书讲的是如何发挥产品优势，打造企业核心竞争力。

他一边看一边琢磨，并总结出一个规律：沃尔玛只做零售，通用只做汽车和汽车配件，比尔·盖茨只做电脑软件……他们再有钱也不去做房地产，不去做其他行业，他们始终如一地在自己的专业领域深耕细作，所以他们成功了。这一发现让他决定改变经营思路，尝试专门只卖一种商品，看看会有什么情况发生。在和妻子商量后，丈夫决定只卖纽扣，所有纽扣都卖，而除了纽扣，别的东西都不卖。

让夫妻俩喜出望外的是，他们很快就从"只卖纽扣，不卖其他"的做法上尝到了甜头，业绩和利润都比之前有了大幅度的上涨。后来，他们成了全市最大的纽扣经销商，并逐步建立起了自己的品牌。

在社会中生存和发展，总避免不了残酷的竞争，想要在竞争中胜出，成为赢家，就必须发挥自己的优势。何谓"优势"呢？在盖洛普的《现在，发现你的优势》一书里，"优势"是这样定义的："做某件事的持续的近乎完美的表现。"通俗地理解，"优势"指的是，你天生就适合做某项事情，不怎么费劲，却做得比其他人费了九牛二虎之力做出来的结果都要好。

史蒂芬·库里三分球投射能力很强是一种优势，但和其他 NBA（美国男子职业篮球联盟的简称）超级巨星比起来，他的防守技能平平，这是他的劣势。

里奥·梅西作为当今世界足坛的顶级巨星之一，速度是他撕破对手防线的利器，左右脚极为均衡，射术精湛，射门角度刁钻，这些都是他的优势。但他的性格过于内向，球队遇到挫折时，也不太善于带领大家走出逆境，这些是他的劣势。

微软公司创始人比尔·盖茨的一项优势是，懂得购买促进公司发展的先进技术，并将其转化为便于用户操作的产品，但面对法律纠纷和商业竞争时，他在维持和发展企业上并无优势，史蒂夫·鲍尔默精于此道，所以比尔·盖茨需要和他合伙来经营微软公司。

刘德华唱歌不如张学友，跳舞不如郭富城，演戏不如周润发，却在华人娱乐圈红了 30 年，是少见的"常青树"。他能够红那么多年并一直红下去，靠的是勤奋努力、兢兢业业，把每件事情都做到尽善尽美。这是他的优势。

世界上没有人方方面面都很优秀，绝大多数人能拥有一两项优势就很了不起了。事实上，我们也没必要非得方方面面都拔尖，这样的人也不存在。想要成就自己，其实只需要发现自己的优势，然后把优势发展到极致即可，所谓"一招鲜，吃遍天"就是这个道理。

不要让你的弱点降低你前进的速度。想要弥补弱项的不足，一方面可以通过自身的努力，另一方面也可以借助外力。比尔·盖茨管理公司不太在行，于是找了很会管理公司的史蒂夫·鲍尔默来跟自己合伙，让后者管理公司，自己则把主要精力放在了最擅长的软件开发和产品营销上面。把强项充分发挥出来才是最明智的做法。

无论你身处哪个领域，无论你是经营企业还是经营自己，你的优势都是你的核心竞争力。怎样才能更有效地打造自己的核心竞争力呢？

首先，让自己好好回答三个问题：我想做什么？适合做什么？能做什么？

其次，要想获得成功，就必须为社会和他人创造价值，提供具有竞争力的产品或者服务，得到社会和他人的信赖、认可。

再次，学会经营自己的优势。只要能在自己所擅长的领域里做到卓越，你就是非常成功的自我经营者，你就必将成为你所在领域里的佼佼者。

总之，只有经营好你的优势、长处，才能更快达成自己的目标，实现自己的终极梦想。世界上最让人痛苦和无奈的事情，莫过于用自己的短处与别人的长处做比较，去竞争。那样做，就如同是用鸡蛋去碰石头，结果可想而知。

如果不做自己最擅长的工作，无异于主动放弃了自己的优势，丢掉了自己的核心竞争力。只有经营好自己的优势，才能打造出真正的核心竞争力，取得持久而辉煌的成功。

04
名字就是你的品牌，请捍卫它

有一个人的故事很值得我们读一读。我们不妨用"他"来代表这个人。他在一家小公司里工作，工作能力强，同事评价极好。自从他主动请缨去业务部工作后，通过不懈的努力，业绩越做越好，可以说支撑起了公司业务方面的半壁江山。

每天，经他手的钱少则几千元多则几十万元。只要他记在了账上，就没有人会去盘查，因为他被公司所有人信赖，因为他的为人就是一面旗帜，让人不容置疑。正因为如此，他为公司现在的生存和未来的发展殚精竭虑地卖命。

在他的带动下，公司员工的工作热情十分高涨，这家小公司的生意也越来越红火。但谁也没想到，一年之后，由于公司领导层内部的争权夺利、钩心斗角，导致管理混乱，公司账目也出现了严重亏损。明眼人都能看得出，这家公司再这么下去很可能就垮掉了。

公司里的大多数业务人员发现公司快要垮了，便开始"身在曹营心在汉"，拿着自己公司的差旅费却把揽到的业务交给了别的公司，从中获得提成，甚至还有人把卖出的货款统统装入自己的腰包！

他自然也看到了公司的经营状态，所以感到痛心不已。一位好朋友劝他说："这家公司已经今非昔比，你要早做打算，为自己留一条后路啊。"

但是，他没有为自己打算，反而为公司打算起来。为了尽力挽救公司，他想尽办法、疏通各种关系把别的公司欠的款追回来，因为他知道不这样做，那些账就会成为死账。有一家公司的老板知道他所在的公司快要倒闭的情况后，劝他心眼要活一点儿，并承诺如果他愿意浑水摸鱼，可以把欠款的一部分拨到他的账户里，剩余的欠款让他别再追究。没想到他却说："我们公司也许会倒，但我的良心不能出卖，只有把账目弄清楚，把账尽可能要回来，我的良心才能过得去，我才能坦然做人，从容做事。"

他的做法虽然很对得起自己的良心，但在物质方面却捉襟见肘。原来，在过去的一年里，他的销售业绩虽然做得很好，但他却并没有拿到自己应得的奖金和提成。所以，别人在背后都笑他是亏得最多的一个。但他并不在意，依然做着他认为该做的事。

最终，这家公司倒闭了，同事们也各奔前程去了。有些同事找到了差强人意的工作，有些同事则还在为找一份新工作而奔波。而他呢？还没有出去找工作，就已经有人主动来找他去上班了。首先是那个劝他心眼要活一点儿的老板，主动给他发来了邀请函，希望他去自己的公司上班；接着是那些以前和他有业务往来的几家公司，老板们纷纷表了态，希望他能加盟自己的公司。

正当他为要到哪家公司而犹豫不决时，第一个邀请他去上班的老板又打来了电话。他在电话中坦诚地对那位老板说："我以前往来的客户与你公司现在的业务关联不大，恐怕会有负你的厚望。"

那位老板笑了笑，说："我们买东西一般看重的是品牌，即使昂贵，我们也会选择，因为它让人信得过。你的名字就是你的品牌。我看中的不是你以前的业务范围与客户资源，而是你的人品，你的品牌。"

听到这样的评价，他很感动，便欣然接受了这位老板的邀请。他的名字真成了他的一块招牌，越来越多的人愿意和他进行业务往来。很快，因为业绩突出，他被提拔为销售部经理。

你的名字就是你的品牌。如果你的名字值得他人信赖，你就会被重视，关键时刻能获得意想不到的帮助。要获得重视和支持，必须先被他人信赖。言而有信，人品好，这是获得他人信赖的关键之处。

日本京都陶瓷的创办人稻盛和夫说过："没有信赖，就没有人际关系；没有人际关系，想成功是不可能的，特别是在经营领域里，没有信赖绝对无法永续经营。如何建立信赖关系？最初，我认为应该找可以信赖的人来做朋友，但这样的想法却是错误的。"

为什么稻盛和夫会这样认为呢？因为只考虑自己要找到可以信赖的人，却没有想到对方是否信赖你。信赖关系不能只是你信赖他，或者他信赖你，它必须是双向的，这样才有可能建立起真正的信赖关系。换言之，信赖关系无法向外求，而必须从自我的内向修炼做起，让自己先成为一个值得信赖的人。

稻盛和夫说："我创业四十多年来，也碰到过不少被欺骗的事情，但我不会因为自己吃过亏，就不再相信别人。无论如何，我还是要信赖别人，而且是从自己的内心里做到全面地信赖别人，使得对方信赖我们的价值，假如没有办法做到这样，我们就必须改变我们的态度与行为，这就是自我的内向修炼。"

信赖就像磁铁一样具有磁力，当我们越值得他人信赖时，磁力就越强，就能吸引更多的人靠近我们聚集更大的能量。那么，如何更有效地进行自我修炼呢？归根到底还是在于责任心的修炼。

有一家生意相当好的汽车清洗店，它是某汽车清洗连锁品牌的一家分店，店长叫弗拉米尼。这家店不但生意红火，店里的员工工作热情也总是非常高涨。不过，在弗拉米尼接手这家店之前，这里的工作氛围可不是这样的。那时候，这家店的员工都已经厌倦了这里的工作，他们中有的人连辞职信都写好了。

弗拉米尼被总部派到这里当店长后，不但让想辞职的人都收起了离开之心，还让全体员工重新快乐地工作起来。产生如此效果的秘诀是弗拉米尼店长用自己全力解决问题的工作状态和敬业精神，感染了大家。

每天早上，店长弗拉米尼总是第一个到店，然后面带微笑地向陆续来上班的员工打招呼。他把自己的工作一一列在日程表上，还组织了与顾客联谊的员工讨论会，并时常把自己的假期向后推迟……在他的带动和影响下，整个清洗店从毫无生气变得积极上进，业绩也越来越好。鉴于弗拉米尼在工作上的出色表现，老板奖励了他，还把他的工作方式向其他连锁店推广。弗拉米尼能让大家工作起来充满干劲并得到老板的重奖，正是因为他是一个值得大家信赖的人。他是怎样表现出自己值得信赖的？通过自己的责任心与工作热情，通过对团队的领导。

管理学家齐格勒说过："如果你能够尽到自己的责任，尽力完成自己应该做的事情，那么总有一天，你可以随心所欲地从事自己想要做的事情。"若是你凡事得过且过，从不努力把自己的工作做好，不充分表现你的责任心，你将永远无法到达成功的顶峰。

总之，如果你想成功，那么无论你在哪个行业，身处哪个位置，都不妨让自己成为一个值得信赖的人，因为你的名字就是你的品牌。这是亲友们对你的期望，朋友、同事对你的期望，更是你的前途对你的期望。

05
你的努力要让别人看到

即使你是一个有真才实学的人，在竞争激烈的社会中，想要脱颖而出、出人头地，也必须学会懂得在适当的时候展露出自己的才华，让他人看到你的实力。同为应届毕业生，同样勤奋上进，为什么有的人工作三年就能升任部门主任，有的人工作五年还是基层员工？原因就是前者更善于在适当的时候，亮出自己的"锋芒"。

如果在职业生涯中，我们敢于将自己的专业优势、技能特长充分表现出来，让领导看到我们的实力与努力，那么我们被重用和提拔的可能性将大大增加。

战国时期的赵国，有一位年轻人名叫毛遂。为了有一天能出人头地，他投身赵国丞相平原君的门下，当了一名食客。然而，在平原君府上当了三年食客，毛遂也没有得到任何表现自己才华和能力的机会。所以，毛遂内心也开始有些着急了。不过，他依然在寻找能够发挥才干与长处的机会。

又过了一段时间，秦军围攻赵国都城邯郸。平原君要到楚国去请救兵。这是一个异常艰巨的任务，因此他需要挑选 20 名有才能的人同行。经过再三斟酌与筛选，平原君最终只挑出了 19 个人。眼看着出行在即，最后一名随行人员依然没能挑选出来，这令平原君越来越烦躁。

就在这个时候，毛遂自告奋勇地来到了平原君的面前，进行自荐。平原君对于这个寄居门下三年的食客并没有什么印象，问其左右便知毛遂三年来毫无作为。于是，平原君问道："你在我这里已经三年了，如果将有才能的人比作口袋里的锥子，锥尖总是要刺破口袋而显露出来的。而你这么长时间都没有突出的表现，不妨继续留在府中安稳度日。"

毛遂不慌不忙地说："我其实是那种有锥尖的人，但是并没有遇到适合我发挥才干的好时机。所以，我一直选择隐藏自己的锋芒。如今时机已到，我必将破袋而出！"

平原君对毛遂的话依然半信半疑，但因为还差一个，所以他勉强接纳了毛遂，凑足了 20 名随行人员。随即，平原君带着这队人马出使楚国，搬请救兵。令平原君大为惊喜的是，此次出使楚国成功搬来救兵，毛遂功不可没。

毛遂之所以能够名垂千古，是因为他能够在机会来临时，主动站出来向平原君推荐自己，并在接下来向楚国求救兵这一艰巨任务中发挥了重要作用。这正应了那句话：弱者等待机会，强者创造机会。在儒家思想的影响下，中国人总爱把"含而不露"看成一种美德。即使一个人已经做出许多成绩，拥有渊博的知识和惊人的才华，在人前时也会谦虚地表示自己"才疏学浅"。但是机会来到自己面前时，如果你不主动去争取，难免会落得一个怀才不遇的下场，让很多机会白白溜走。

在如今这个竞争非常激烈的年代，如果你遵循"谦谦君子"的做事风格，其结果很可能是一直默默无闻下去。竞争，要的就是"竞"和"争"，要的就是敢于、善于跟他人一较高低。

1992 年，在取得华盛顿大学中文系博士文凭后，裔锦声准备通过报纸上的招聘信息来找一份工作。有一天，她在翻阅《纽约时报》时看到了舒利文公司的招聘广告。其实，这家公司的要求裔锦声当时是达不到的，因为里面有几项要求：求职者要有商学院学位；至少三年的金融工作或银行工作的经验；能开展亚洲地区的业务。但是，裔锦声却很想去试一试。于是，她很快便整理好了自己的个人资料，然后给舒利文公司寄了过去。

过了几天，见对方一直没有消息，裔锦声有些坐不住了。于是她主动与该公司人事部门联系，但一连几次，她都被婉拒了。然而，她毫不气馁，依然坚持每天主动地与该公司联系，以至于该公司的人事部门一听到是她的声音，便想着各种理由来婉拒。

尽管如此，她仍然没打消获得这个职位的念头。最后，她鼓起勇气拨通了舒利文公司总裁唐纳德的电话。裔锦声在电话里坦言道："我没有商学院学位，也没有在金融业的工作经验，但我有文学博士学位，而文学就是人学，长期的文学熏陶使我非常善解人意。我是一位女性，在读书期间，遇到了许多歧视和困难，但我不仅没有退缩，反而变得更加坚强。基于我拥有的优点，我相信贵公司会为我提供一个施展才华的平台。如果贵公司感觉在我身上投资风险太大，可以暂时不付给我佣金。"最终，唐纳德总裁被她的话打动了，于是让她来公司参加面试。

经过七次严格筛选，裔锦声最终从数百人中脱颖而出，成为本次面试中唯一的胜利者。这个结果出乎了很多人的意料。

之所以会取得这样的结果，除了裔锦声本身所具备的坚持不懈的精神之外，很大程度上还在于她敢于和善于亮出自己的优势，从而达到了"扬优补劣"的效果。正是这股惊人的勇气，帮助她赢得了很好的工作机会，也伴随着她一步步取得了骄人的成就。

现如今是一个快节奏、高效率的时代，我们想要脱颖而出，就必须勇于和善于把自己的优点和长处恰如其分地表现出来，这样才能成功地推销自己，让自己发出"金子的光芒"。而能够发现自己的优势，并把优势"最大化"地体现在最有可能实现价值的地方，才是当今社会对我们的最高要求。

06
请至少拥有一个"单项冠军"

北宋有一个叫陈尧咨的人，射箭技艺高超，在训练场上练习射箭时，几乎百发百中。不过，有一个卖油的老翁闻听此事后，却并不惊讶。于是，陈尧咨特意找到老翁，求对方指教。

老翁没有说话，而是把一个葫芦放在地上，然后把一枚铜钱放在葫芦口上。接着，他从油壶里舀起了一勺油，从高处往放在地上的葫芦里倒，只见油像丝线一样从铜钱的小孔里流进去，整个过程一滴油都没有漏出来。陈尧咨对此叹为观止，但卖油翁却很淡然地说道："这没有什么稀奇的，只不过是熟能生巧罢了。"

张桃芳是抗美援朝时朝鲜战场上的一名"神枪手"。当时，只有22岁的他，在上甘岭战役中歼敌二百多人，创造了朝鲜战场上我志愿军冷枪杀敌的最高纪录，这也是现代战争史上狙敌的最高纪录。所以，张桃芳也被一些媒体称为"中国狙击之王"。

为什么张桃芳的技术会如此神奇呢？普通的步枪到了他手里，为何变得威力无比？用他自己的话来解释就是："平时苦练呗！"实际上，在训练狙击的过程中，张桃芳经历了很多复杂的情况，但每一次都是通过不断的试错和调整，才得以解决问题，使自己的狙击水平最终变得出神入化。

如果你的某项技能可以做到陈尧咨、卖油翁、张桃芳这样的程度，那么就可以说是已经把优势做到极致了，是这个领域里的冠军了。

人活天地间，请一定努力让自己至少拥有一个"单项冠军"，这样才是真正没白来这世上走一遭。所谓的单项冠军，不过是将自己的优势和长处，通过不断重复练习和实践，做到了精益求精，达到了极致。

想要成为竞争中的最大赢家，无论个人还是组织都不能缺少做单项冠军、追求专精的决心。当你能够在某件事情上做到谁都比不过你，你就能够成为单项冠军，然后，各种机会就会主动来找你，挡也挡不住。如果用我们专业的词语来形容单项冠军，其实就是"顶级专家"。要多久才能成为顶级专家呢？有人总结出了这样一条规律："一年入行，两年入门，三年有小成，五年成专家，八年成顶级。"

有个衣着时尚的女子找到一个老鞋匠替她修鞋。老鞋匠看了一眼她的鞋子后，说："你看我有活儿正忙着呢，如果着急，附近还有几家修鞋的店。你可以找他们帮你修。"

女子自然不愿意等下去，便匆忙走了，应该是去找别的修鞋匠了。旁人见此情景，不解地问老鞋匠："为什么生意来了，你却给支走了呢？"

老鞋匠说："那双鞋做工精细，皮质又好，少说得要上千块，一旦修不好可能会有麻烦。有风险的活儿，我需要谨慎地接。话又说回来，我不敢接的活，别人也很少敢接，她过一会儿肯定还会回来找我。"

过了一会儿，女子果然又回来了。老鞋匠再次把鞋拿到手里，左瞧右看，然后答复她说："您这鞋需要认真地修一修，很费工夫，您明天过来取吧。"

等女子走了以后，老鞋匠却只花了几分钟，就把鞋修好了。旁人于是又很奇怪地问道："你修得这么快，为什么非要让人家明天来取呢？"

老鞋匠说："客人看到你这么快就把鞋修好了，顶多只会给你三五块钱的修鞋费用。但你让客人明天再来取，然后看到你把那么贵的鞋给修好了，就至少会给你几十块钱的修鞋费。"

第二天，那个女子来取鞋时，见鞋修得很好，便高兴地给了老鞋匠超出他预期的酬劳。

这位老鞋匠也可以说是拥有一个"单项冠军"的人。因为在他周围没人能在修鞋这门技术上超过他，而且他擅长把握客户的消费心理，这更是为他的修鞋技能锦上添花。

话说回来，我们想成为"单项冠军"，就一定要根据自己的优势和长处，进入最适合自己发展的行业，选择最能发挥我们优势与长处的事情来做。切记，每一个行业，都有自己的一套规律和门道，如果不考虑自身的实际情况就贸然闯入，无异于钻入漆黑的山洞，摸不清东西南北，随时都可能栽跟头。

例如，做 IT 软件工程师和做 IT 产品销售是完全不同的两回事。从技术角度和从市场角度看问题，是截然不同的两个思路。前者需要掌握电脑修理和程序检测等知识，后者需要熟悉 IT 产品的价格、行情和性能以及销售技巧。技术工种接触到的是"点"，销售岗位接触到的是"面"。从销售的角度看，畅销的并不是最好的产品，而是"利润最大或者性价比最好"的产品。

又如，你想要从事印刷行业的工作，如果不了解基本流程、印刷成本、工艺知识和纸张价格，就很可能会吃哑巴亏，造成几万甚至几十万的损失。只有熟悉行业细节，了解基本规则，才好谈价钱，寻找渠道和经销商。

不仅仅是 IT 行业、印刷行业，其实每个行业都是如此。锁定"干得更好"的行业，专心冲击单项冠军，积累人脉和资源，熟悉和吃透你身处的这一行，你才能获得超越你自己期待的发展和成就。

美国投资界巨头孔菲尔德在大学毕业后，便只身来到了美国经济中心纽约打工。孔菲尔德看中了证券投资业的"掘金"潜力，也认为自己能在这一领域做出成就，所以他一开始就选择在共同基金公司做了一名销售人员。

在这家基金公司工作期间，孔菲尔德留心掌握了不少业内知识和规则，打听到了很多内幕信息。孔菲尔德发现，共同基金犹如一座金字塔，最底层是推销员，往上一层是推销主任，然后是地区和全国性的高级推销员。金字塔顶端是基金经理，凡是上层的人均有从其下层人的佣金中提成的权力。

他决心要成为金字塔顶端的人，并开始为之加倍努力。几年后，他看准了一个绝好的机会：美国侨民在当时是巨大的尚未开发的投资群体，这些侨民大都很富有，跃跃欲试地想把资金投入美国股市中，以获取长期的收益。

孔菲尔德瞄准了这一群体后，便利用自己的专业能力，卖出了很多份共同基金，拿到了不少提成。之后，他又通过内部消息了解法德里的股票很有市场潜力，于是迅速提出了一份专业开发报告，然后成了法德里在欧洲的总代理。

就这样，孔菲尔德通过熟悉整个金融行业的运转规则，强化自己的专业优势，让自己从一个底层基金推销员，成长为所在领域的"单项冠军"，实现巨大成功。

把自己的优势和长处发挥到极致，全力去冲击单项冠军，这并不是一件容易的事。但是，如果你希望自己在未来取得巨大的成就，就要从现在起，打磨自己的工作能力，然后把自己的优势与长处发挥到极致，这样你才有可能在将来成为所在行业数一数二的专家，甚至是业内的冠军！

07

"复合型"人才拥有更广阔的未来

在前面的内容里，我们一直在强调，把自己的优势和长处做到极致，打造自己的核心竞争力，让自己拥有一个"单项冠军"。确实，能够把某项优势发挥到极致，已经足够了不起。但是，在现实生活和工作中，如果做不到把优势和长处发挥到无人能及，却能够让自己成为"复合型"的人才，也会拥有非常广阔的未来，也能让自己成就一番大事业。

什么是复合型人才呢？复合型人才，是指具有两门学科以上的知识、能从事跨学科研究与工作的人才。

怎么理解"复合"这个词呢？"复合"的最明显特点就是"多才多艺"。那么，一个复合型人才到底能够复合到什么程度呢？不会是要求一个运动员既是奥运会游泳冠军又是世界著名的足球运动员吧？这会不会太不现实？当一家企业或一个组织费了九牛二虎之力找来了复合型人才，难道是为了让一个人去做几个人的工作？培养一个专业人才和培养一个复合型人才，到底哪个对企业或组织的价值更大？复合型人才真正能起到什么样的作用呢？例如，一个专门搞人力资源的人，是否还需要去熟悉业务，了解生产流程，参与后勤工作呢？

上述这些问题确实值得我们深思，也是我们想要探讨的内容。关于全才与专才的争论，千百年来就没有停止过。即使今天，关于"专一型"员工和"复合型"员工孰优孰劣之争，也时常能引起大家的热烈讨论。

在古代，"文武双全"应该是对人才的最高要求了。在文人里，全才的代表人物是"东坡居士"苏轼，他无论诗词、文章、绘画、书法都是我国几千年来文人墨客中的佼佼者；武士里的全才要算岳飞了，他对内平定叛乱，对外屡败来犯的金兵，而且治军严整，深受百姓爱戴，关键是他诗词也写得很好；文武全才的代表则要数孙武，武力方面他率领吴国军队击破了当时的天下强国楚国，文化方面他的《孙子兵法》不仅是后世兵家的"圣经"，也是一部出色的散文集。

然而，这样的全才，纵观整个历史，也是屈指可数；其次，我们也能看得出来，即使是号称文武双全的孙武，他的侧重点也毫无疑问是战略方面。由此我们可以看出，即使是所谓的全才，也是有侧重点的。

当然，能够成为复合型人才的人，在职场里的发展前景肯定会比专一型人才更加广阔。我们不妨看看复合型人才的典型代表人物张富士夫的成功之路，看看有什么可以启示我们的。

日本丰田汽车公司总裁张富士夫从年轻时候开始，就以"复合型人才"而著称。1960 年，张富士夫从东京大学法学院毕业，因为受到了一些前辈的启发和鼓励，便进入丰田公司工作。

来到丰田公司后，他被安排在总务部宣传报道课工作。在那里，他的工作职责主要是做内部刊物的编辑和撰写工作。当时，他所在的部门只有两名员工，而且可以作为内刊的东西还非常少，所以刚开始时他一筹莫展。不过，几个月后，他便和同事一起把内刊做得有模有样、风生水起。

1966 年，张富士夫从宣传报道课调到了生产管理部，并在日本著名的企业管理大师、"丰田生产方式"的创造者大野耐一手下工作。他充分抓住了这个机会，虚心请教，认真负责，力求每一道工序都精益求精。他用汗水加天赋，在一年内便熟悉了"丰田生产方式"并把它推广到了下级的各个子公司和相关企业。而这也为他后来成为丰田公司最不可替代的人打下了坚实的基础。

1985 年，他进入丰田北美事业准备室，专门筹备在北美创立丰田汽车制造厂的所有相关事务。1987 年，他被任命为丰田美国公司执行副社长，负责丰田汽车公司在海外的首家独资公司。

1988 年，他成为丰田美国公司社长。在任期间，成功把"丰田生产方式"推广到了丰田美国公司。在美国工作期间，他发现美国人习惯在专业工程师做完后再指出问题的所在，而不是像日本人那样在出现问题时就立刻指出来。凭借着自己一专多能的复合型人才的优势，他搞出了一套适合日本人在美国从事商务活动和经营管理的方法，结果使丰田公司迅速打开了美国市场，获得了巨大的成功。

1994 年，张富士夫回到了日本的公司总部。除了负责涉外工作，他还担任公共关系和信息通信方面的常务董事。在海外多年的工作经验，帮助他游刃有余地处理这些事务。因此，1998 年，他被升任为丰田公司副总裁。

1999 年，他完全接手丰田公司。甫一上任，他便把"丰田生产方式"进行了改进，提出了"全球车体生产线"以及"国际多用途汽车计划"这两个概念。在他的领导下，丰田公司的成本稳步下降，利润逐渐上升。仅在2003 年这一年，丰田公司的生产成本就减少了 20 亿美元。在他任职期间，丰田公司的销售业绩增长了 39%，利润增长了 141%，达到 110 亿美元。

2006 年 6 月，张富士夫坐上了丰田董事长的宝座。在他的领导下，同年丰田公司便在美国市场卖出了 254 万辆汽车，一跃成为美国第三大汽车公司。

张富士夫是从底层开始做起的，但他在重要事情上的完成度都超出了企业对他的期望，而且他经常在工作期间学习有用的本领并及时提出对公司发展的意见。因此，他才会从一个无名小卒成为整个丰田公司的最高领导者。

什么都不懂不可怕，可怕的是在将来的工作中你不能全面发展。当今社会的重大特征是学科交叉，知识融合，技术集成，任何高科技的成果无一不是多学科交叉、融合的结晶。这一特征决定了每个人都要提高自身的综合素质，个人既要拓展知识面，又要不断调整心态，升级迭代自己的思维方式。

张富士夫的成功启示我们，复合型人才的"复合"并不完全是指与本职业相关的技术性工作，它更表现在其职业能力的多元化。简单地说，如果你辞掉现在的工作，那你还应该能很快地找到另一份同样具有竞争力的工作。

仅就职业发展来说，如果你所做的职业也正是你所需要的，那职业成功的可能性也会更大。只可惜大多数人所做的工作都并非是自己的所爱，因而会在个人兴趣上寻求寄托。所以，如果深化发展兴趣，并把它发展成一项职业技能，在合适的时机下将会对自己的职业发展起很大的帮助作用。

08
其实大多数时候都是你自己在打磨自己

很多年前，在美国的某个杂志社里，一位以严格要求和博学多才著称的老编辑，接受了一项带领一位新人编辑入门的任务。在实习期间，每次当新编辑把文稿交给老编辑时，老编辑都会跟他说这样一句话："要是你对某个字的写法没有把握，就一定要去查字典。"老编辑还要求新编辑每天必须写一篇文章放进老编辑桌上的盒子里。要是哪天新编辑没做到，他就会敲着桌子问新编辑："文章呢？"

在老编辑每天的严格要求和监督下，新编辑写文章的水平一天天提高。最终，新编辑在写作上取得了巨大的成就，多年以后还参与了美国《独立宣言》的起草工作。这位新编辑就是美国著名的科学家、革命者、政治家富兰克林。那位老编辑，名叫弗恩。

当年，富兰克林从进入杂志社实习的第一天起，便一直以一种敬畏和崇拜的心情，按照弗恩的严格要求磨砺着自己的写作能力，最终让"富兰克林"这个个人品牌享誉美国甚至西方世界。

后来，弗恩去世了。在整理弗恩的遗稿时，富兰克林看到了这样一句话："孩子，其实我不是你心目中以为的那个人。我并不懂得写作，我在读每个单词时都得查字典,因此一篇稿子我要看上几十遍。当然,为了生活,我给自己创造和树立了一个权威的形象。你让我教你,我就尽量去做,其实大多数时候都是你自己在打磨自己。"

读完这段话后,他简直不敢相信,指点自己写作的权威弗恩老师竟然不擅长写作!而自己的写作才能,竟然是自己在一天一篇的积累中打磨出来的,老编辑只不过是对他持之以恒地严格要求而已。在读了弗恩的其他遗稿后,富兰克林才相信他的话是真的,因为弗恩的那些手稿的内容幼稚得令一个真正的作家不忍细看!

努力打磨自己,才能打造和强化自己的优势,进而成就自己的伟大!弗恩老师虽然写不出惊艳世人的文章,但他却教给了富兰克林一个改变其一生命运的道理:只有每天坚持打磨自己,才能真正积累起强大实力和优势,才能让自己的个人品牌越来越闪亮。

切记,你解决问题的能力,通过打磨才能获得;你的个人品牌,通过打磨才能提高含金量;你的核心竞争力,通过打磨才能越来越强大。通过什么样的方式,能够最有效地打磨自己呢?答案是每天不断地进行自我鞭策。

杰克在博士毕业后,便进入一家很不错的企业上班。这家企业的老板叫克莱门特·斯通,是一位白手起家的亿万富翁。在这家公司上班的第五天,杰克迟到了,而且还碰上来公司巡视的斯通,被"抓了个现行"。杰克连忙向老板解释,自己之所以会迟到,完全是因为交通堵塞。

斯通听完杰克的解释后,并没有生气,也没有批评指责杰克,只是问了杰克这样一个问题:"你是否愿意对自己的人生百分之百地负责?"

面对这样一个奇怪的问题,杰克突然不知道该怎样回答,想了一会儿才说:"我想是这样的。"

"你抱怨过别人吗?你埋怨过时运吗?"斯通又问杰克。

"是的,我抱怨过别人,也埋怨过时运……"杰克回答道,有些局促不安。

"噢，这么说，你对你自己的人生还没有百分之百地负责。百分之百地负责，意味着你能承认发生在你身上的一切无论好坏都是你自己造成的，你所经历的事是由你的行为引起的。"

杰克不解地问老板："难道交通堵塞也是我一手造成的？"

"但如果你能早一点从家里出发，你就不会迟到。杰克，如果你想要取得成功，取得真正的成功，就必须停止抱怨和责备。只有当你意识到此时此刻的状态是自己造成的，才能在任何一个阶段改造自己的人生。在每个人的生命中，没有一件事情是不需要自我鞭策的。只有当你对自己的人生百分之百地负责，你才可能追求得到真正的成功。"

"我懂了，先生。我会对自己的人生百分之百地负责！"果然，在此后的 30 年时间里，杰克都没有食言过。如今，杰克已经是享誉全美的杰出经理人，拥有着含金量很高的个人品牌。

那些工作出色的职场白领基本都有一些自己的职场习惯与技巧，而这些技巧并不是什么难以掌握的本领，而是十分普通的笨功夫，比如提前五分钟到办公室，或者习惯记每日工作总结，甚至只是把办公桌收拾得整整齐齐。这些当下看起来并没什么特别作用的小习惯，只要坚持下去就能在潜移默化中塑造一个人的核心竞争力。

努力打磨自己，才有亮丽人生。为了达到你的目标，无论是生活目标、职场目标还是人生的核心目标，都必须对助你达成目标的各项能力严格打磨。当你打磨到位，人生自然会迈上一个新的台阶，你个人品牌的含金量也会前所未有的高！

第 三 章

时间资本：
时间投在哪里，未来就在哪里

01

不做"工作狂"，做高效能人士

人生苦短，每个人活着的时间都是有限的。能够让我们用来努力奋斗的时间，也就匆匆数十年。所以，我们需要学会时间管理，把自己的时间和精力投入到更有价值的事情上去。

对于每个人来说，时间都是最宝贵的资源，幸运的是，无论你是谁，只要活着都拥有时间；不幸的是，有很多人并没有高效地利用时间，只是蹉跎岁月、浪费光阴。更可悲的是，有些人在工作中投入的时间特别多，回报却特别少。久而久之，这类人就开始慨叹命运的不公，抱怨老天爷待自己太薄。这类人里，最典型的代表就是"工作狂"。

工作狂，从字面理解，就是疯狂工作的人。一个人工作到可以用疯狂来形容，至少说明这个人投入进去的时间非常多，每天工作的时间很长。但吊诡的是，工作狂投入了很多时间，产出却没有成正比地增加。为什么会这样呢？就是因为工作狂虽然在工作上投入了很多时间，但是却没有高效地工作，甚至连"事倍功半"都做不到。

还有一个原因是，人不是机器，人是需要休息的，工作狂动不动就持续十几个小时地工作，精力不可能始终保持高度集中，这也注定了身体效能会随着时间的延长而逐渐降低。

冯有才是某个镇上不多的几位医生之一，他可是一个大忙人，有时候会到病人家去出诊，有时候要给病人提供咨询，有时候要去法庭担任法医顾问，平时他还要承担当地医疗中心主任的工作。

他经常不分昼夜地工作，晚上不回家睡在办公室里是常有的事。有一天晚上，他开车回家，途中等红绿灯的空当儿，他居然睡着了！直到后面的车不停响喇叭，他才醒过来。要是在行进中睡着了，很可能就因为疲劳驾驶而闹出车祸。

一个人要是不能保证正常的休息，就很难为下一次工作储备足够的精力，而连续不断地工作所带来的后果就是大脑、身体长时间处于疲劳状态，对突发事情的反应速度就会减慢。

每天，工作狂都会把大部分时间放在工作上，其他方面如吃饭、睡觉、上洗手间等的时间都被严重压缩，以致生活很没规律，情感关系出现裂痕。对于工作狂来说，工作以外几乎没有什么别的乐趣，没时间去放松，享受生活，参加朋友们聚会。工作狂甚至连自己的家庭都照顾不好。这不奇怪，因为工作狂连自己的身体都照顾不好，总是让身体全天候地处于超负荷状态。

工作狂对工作真的比普通人要热爱得多吗？真相是，有很多工作狂虽然每天都在不停地工作，却并不是真的对工作很热爱，更多的是出于寻找自我内心的解脱而去拼命工作。

美国心理学家斯宾塞教授曾指出，工作狂是一种心理变态，是一种工作成瘾，就像吸烟成瘾一样。为什么会有这种瘾？因为人体内有一个"奖励系统"，这个系统的物质基础叫"脑啡肽"或者"脑内吗啡"，是一种神经递质，在短时间内能令人高度兴奋。比如，毒品就是通过这个系统提高人体"脑啡肽"的分泌，进而破坏人体平衡系统的。工作狂的"工作瘾"其实也是通过消耗"脑啡肽"，扰乱平衡系统，造成人身不断寻找提高体内"脑啡肽"的成分，以至成瘾，形成迷恋工作的状态。

如果工作成瘾能够做出非凡的成就，创造巨大的效益，那么工作狂再疯狂也还是值得的。然而，很多工作狂在工作上投入了大量时间，但因为没有高效地工作，产生的效益很低。更可怕的是，日积月累之下，工作狂把自己的身体搞垮了。

即使我们再想达成某个目标，也不能让自己成为低效的工作狂，而应该让自己做一个高效能人士。怎么样去做呢？首先，改变工作状态，还自己的身体一个舒适、自由、轻松的状态；然后，提高单位时间的工作效能，学会高效做出好成果。当然，就像烟瘾、酒瘾之类的瘾都很难戒掉一样，工作瘾戒起来也不容易，下面是几条简单却实用的高效方法。

（1）改变错误观念，确立正确认知。

你是否有着这样的错误观念和认知，如"一个人应该把所有时间都用来工作""只有事业成功才是真成功""男人就要以事业为重，家庭是次要的"……要是有，请找出一个正确、合理的观念来对以前的错误观念进行调整。

然后，可以将自己的工作时限进行适当的缩短，如原来每天工作 15 小时，现在可以适当缩短为 12 个小时；原来每周工作 7 天，现在缩短为 6 天。这样一点一点地让工作时间尽可能恢复到正常状态。

（2）自我设限，提醒自己。

很多工作狂都承认，每天正常下班时间的前后一两个小时是所谓的"魔幻时刻"。到了下班时间，就要准备结束一天的工作，进入放松时段了。但工作狂不是这样的，他们在这个时刻很难停下来转回到个人的生活。

大约超时工作半个小时后，他们又找到了新的事情重新开始，比如写一封电子邮件或者改一改某个文件，然后投身其中几个小时不出来。有鉴于此，工作狂们有必要在自己的"魔幻时刻"出现前的两个小时定好闹钟，提醒自己还有两个小时就结束工作，开始放松。

（3）破除依赖心理，自我加压。

很多工作狂成不了高效能人士，是因为很多时候工作狂们很享受忙碌的状态。所以，在每天完成定量工作的前提下，他们为了"有事可做"，就有意识地延长或者拖拉需要完成的工作，导致效率低下。所以，自我加压，破除依赖心理，强迫自己必须在规定的时间内完成指定工作，这样一方面能提高效率，另一方面也使得自己逐渐进入"无事可做"的状态，使身心获得放松。

（4）走出门，别留恋工作场所。

工作狂最难走出的就是工作场所的大门，而一旦逗留其中，就会不由自主地找工作来做。相反，只要不断提醒和强迫自己："到了该休息的时候啦！"然后勇敢地跨出那道门，就能马上从心理上和工作隔绝，使身心脱离工作状态。

（5）降低要求和期望。

工作狂有着很强的事业心和责任感，所以，要降低对自己的要求和期望值，不要再把工作视为自己人生价值的唯一表现，注意事业、生活与家庭之间的平衡。

02

管好你的时间：时间用在哪里，成就就在哪里

想要在有限的时间里，赢得你想要的大成就，达成你希望得到的大目标，就一定要学会时间管理，用好你的时间。要管好你的时间，就要理解好三个关系：你与时间的关系、时间与高效的关系、高效与自由的关系。

我们先来搞清楚你与时间的关系。这要从理解好"时间"这个概念开始。时间是什么？通俗地理解，时间是事件从发生到结束的时刻间隔，是事件先后顺序的量度。

时间不是自变量，而是因变量，随着宇宙的变化而变化。对于每个人来说，时间就是生日、年龄、工作时间、睡觉的八小时、和家人朋友一起旅游的两天，时间就是每个人的生命。

时间，在每个人的生命里都烙下了下面这些印记——

每个正常人都要在母体里待够十个月才能来到这个世上；在三到六岁的时候往往是上幼儿园的年纪；七到十二岁通常是上小学的年纪；十三到十八岁通常是上中学的年纪；十九到二十二岁通常是上大学的年纪；二三十岁时大多数人会结婚生孩子；四五十岁时大多数人的孩子正在上学；五六十岁时大多数人开始退休……

当然，时间的印记远远不止上述这些。如果你感兴趣，其实还可以列出很多。

人和时间的关系，最主要的就是使用者和被使用者的关系。人使用时间去做事，去活出自己的人生，去成就自己的未来。当然，人和时间的关系，还是利用和被利用、管理和被管理、影响和被影响的关系，至于利用、管理、影响的主体是人还是时间，要看具体情况。

如果一个人做事总是拖拖拉拉，平日十分懒散，对待安排给他的工作，能推则推，不能推的总是拖延，在面临抉择时总是犹犹豫豫，不敢做决定……这样的一类人，显然没有好好利用时间去做出什么骄人成果。换一个角度看，在这种情况下，这类人其实是被时间利用了，并没有成为时间的主人。

如果一个人能够把"老天爷"分配给自己的时间高效地使用在每天需要完成的工作上，他往往懂得先给自己的工作按重要性排序，然后先做重要的，以保证自己能够将更多有效的时间用在能给自己带来最大收益的事情上。这类人就是管理时间的高手，知道把时间用在哪里，所以最终在上面取得了辉煌的成就。

但也有这样一类人，他们的时间只是日程表上的"点"，只是"秘书"告诉他们的"事"，那么这类人显然不可能得到他们想要的，还可能倒贴很多自由支配的时间在那些可能不需要他们来完成的事情上。这类人没有管理好时间，反而被时间所"左右"了。

如果一个人早上起来后心情很愉快，那么他这一天都会在这种积极心态的指引下高效地完成很多工作，并且还能一直保持愉快的心情。

如果一个人前一天晚上做了个噩梦，搞得心情很糟糕，那么这个人第二天都会在恶劣心情的左右下做事，不但没有任何高效可言，还可能会"坏事"——不是丢三落四，就是错漏百出。这样的一天其实就等同于完全浪费了。如此看来，是心情影响了时间，还是时间影响了心情呢？

任何事物之间的关系都是相互的，你可以利用、管理、影响时间，时间也可以利用、管理、影响你，只不过是形式与方法的不同而已。对每个人来说，在和时间的关系中，只有将主动权掌握在自己手中，才能够利用时间来得到自己想要的。

对任何人来说，时间都是生命，把握住了时间也就把握住了生命，也才能将生命的价值发挥到极限。所以，我们一定要管理好我们的时间，须知，时间用在哪里，成就就在哪里。

03
筑牢时间的堤坝，让它流到该去的地方

你是否觉得自己平日里非常忙碌？如果非常忙碌，你忙出高绩效了吗？如果没有，你知道自己虽然总是很忙碌却并没有做出什么成绩来，原因在哪里吗？你为什么每天总是会花很大一部分时间去做毫无成效的工作呢？根本原因是，你没有筑牢时间的堤坝，让时间流到它该流去的地方！

如果你每天都把时间浪费在那些对你事业的发展和生活的幸福没有任何帮助的事情上，当然会毫无结果，毫无成就，毫无回报。要成为一位高效能人士，就一定要懂得筑牢时间的堤坝，让它流到该去的地方。

在追求成功的路上，在为实现理想而努力的过程中，最该让时间流去的地方是哪里？是富有成效的工作。把时间花在富有成效的工作上，我们的时间才花得最值，我们的工作才会高效，回报才会最多，成就才会最大。

如果把富有成效的工作比作绿灯，那么必要的工作就是黄灯，而不必要的工作则是红灯。怎样来理解这句话呢？不妨先做一个解释：

不必要的工作，比如寄快递，处理不着急的邮件，接听各种咨询电话，在网上浏览与工作不相关的新闻等，这些其实都是浪费你的时间，更可怕的是，它们都会严重影响你那些有价值的工作的进度。这类工作，必须要做的

不妨交给秘书或助理去做，完全没必要做的就尽快戒掉吧！

必要的工作，比如制订工作计划，给客户分门别类，做工作观察与评估，做一些必要的案头工作等，这类工作对你去做最有价值的工作能起到积极的推动作用，但这种积极作用比较有限，可以亲自去做，但如果能交给秘书或助理去做就更好了。

富有成效的工作，比如激励团队更有干劲地工作，比如开发新客户，比如维护销售渠道，比如为了抢占市场先机去做充足的准备，等等。这些都是典型的富有成效的工作。

学会管好你的时间，请从剔除不必要的工作开始。换言之，请筑牢你时间的堤坝，让它不要流到"不必要的工作"那里。

凌菲是公司里公认的好人，她的本职工作是市场部经理助理，但因为她的脾气非常好，无论是哪个部门的同事，只要对她说一声，她都会尽量给人家帮忙。因此，她总是很忙，有时甚至会因为给同事帮忙而耽误了自己的本职工作，结果害得自己要经常加班。

工作一年下来，她感到自己的工作能力并没有得到多少提高，也没有做出什么成绩。总结原因，她才明白自己把太多的时间和精力花在给别人帮忙上了，她其实完全没必要去做那些纯属浪费时间的事情。更纠结的是，有时候很多事情她心里一点也不想做，可因为放不下面子，所以总是不好意思拒绝。

凌菲这一年里的遭遇，属于不懂得筑牢自己时间的堤坝，结果让时间流到了不该去的地方的典型。解决这一问题的方法是，尽快学会拒绝，把不该自己管的事情尽可能都委婉地拒绝掉。你的时间有限，请对你的时间负责；你的时间很宝贵，请珍惜它们。

对不必要的工作，我们可以靠时间堤坝来阻挡。那么，如果时间想流向必要的工作和富有成效的工作那里，我们是不是就可以完全放行了呢？当然不是。

必要的工作虽然有利于我们事业的发展，但并不是说必要的工作就可以堂而皇之地占据我们的时间。如果安排得当，这部分工作完全可以为你节省下很多时间。如果你把太多的时间投入到这部分工作上，你能获得的回报将很可能远远少于你投入进去的时间所应得的。

不过，你可以找到一些节省时间的办法，不让繁杂的案头工作占据你太多的宝贵时间。如果你有秘书或助理，就应该把这些工作都交给她们。如果没有，你可以每天划定几个固定的时间段来处理此类工作，这样就能有效避免它们干扰到你做富有成效的工作的时间。

将不必要的工作挡在时间堤坝之外，合理安排、尽量节省花在必要工作上的时间，目的就是为了给富有成效的工作留出更多的时间。所以，在富有成效的工作上，不需要做任何时间限制，它们才是你应该尽可能多投入时间的地方。随着你对工作做出更加清晰、明确的划分，并严格遵守时间分配的方法，你会获得越来越多可以用来完成富有成效工作的时间。

04
做正确的事，是管好时间的前提

要成为时间管理的高手，管好自己的时间，让时间都花在有价值的事情上，就必须理解两个概念：效率与效能。怎么理解这两个概念呢？美国已故的管理学大师彼得·德鲁克曾说过："效率是'以正确的方式做事'，效能则是'做正确的事'。我们当然希望同时提高效率和效能，但在效率与效能无法兼得时，我们首先应着眼于效能，然后再设法提高效率。"德鲁克告诉我们，做正确的事要比正确地做事更重要。

孟子说："鱼，我所欲也；熊掌亦我所欲也。二者不可得兼，舍鱼而取熊掌者也。"效率就相当于"鱼"，效能相当于"熊掌"。效率与效能不能兼顾时，先取效能。

尽量把时间花在能产生高效能的事情上，就是真正把时间管理好了。换言之，做正确的事才是管理好时间的前提，因为只有所做的事是正确的，才值得付出时间，也才能得到最好的回报。如此，时间不但不会被浪费，还会被充分利用。

如果不是在做正确的事，那么再正确地做事，也称不上是懂得了时间的管理之道。如果一件事情的完成并不能给你带来满足感、成就感和内心的愉悦，即使你完成得多完美也等于将时间浪费了。你付出了时间却没有换来相应的回报，这就是一种低效，甚至无效。

管理学大师、沃顿商学院终身荣誉教授罗素·艾柯夫曾指出："我们所有的社会问题都源于更正确地做错误的事情。你做错误的事情越高效，你就变得越错误。错误地做正确的事情，比起正确地做错误的事情，远远要好。如果你错误地做正确的事情并改正错误的做法，你就会得到更好的结果。"

有一只狐狸想穿过栅栏钻到葡萄园里去偷吃葡萄。没想到栅栏的空隙太小，狐狸没钻过去。为了能成功地进入葡萄园，狐狸让自己饿了三天，把身子瘦了下来，然后终于钻了进去。

没想到，当它大吃了一顿后，却又出不来了。没办法，它只好让自己又饿了三天，才离开了葡萄园。离开葡萄园前，它回头看了看栅栏，感慨地说，没想到忙活了半天，到头来却是一场空。

为什么狡猾的狐狸努力了那么多天，到头来还是"一场空"呢？因为如果你不是在做正确的事情，那么你即使再正确地去做事，做得再完美，最后得到的结果也不是你想要的。

做正确的事，是管理好时间的前提。当你能够把正确的事做到最好时，你就已经成了一名高效能人士。要管理好你的时间，让自己成为一名高效能人士，至少要做到下面这几点：

（1）把时间尽可能花在对实现你的目标最有帮助的事情上；

（2）清楚区分出什么事情对你来说是最重要的，什么事情对你来说是最紧急的；

（3）坚决砍掉那些浪费你时间的事情，拒绝参与浪费你时间的活动。

详细来说，还可以参考以下这几个做法。

（1）明确你的目标，准确把握好你的目标。

有的人忙忙碌碌了一天，感觉过得很充实，也做了很多事，结果回过头来才发现，自己做的事情和目标没有任何关系。但是这一天的时间就这样被浪费掉了，不可能再找回来了。要管理好你的时间，做一个高效能人士，就必须清楚自己什么时候该做什么事情，即做正确的事情。

（2）确定事情的优先次序。

要管理好你的时间，做一名高效能人士，就必须学会综合重要程度和紧急程度这两个因素，来确定你每天要做的事情的优先次序。

紧急且重要的事情。这类事情具有时间紧迫性和影响重大性两个特点，需要首先处理、优先解决。如果你今天只能做一件事情，那么你要做的就是这类事情。

重要但不紧急的事情。这类事情虽不紧迫，但拖延不办就会变得紧急而重要了，所以应当将你大部分的精力放在这类事情上。通过保证这类事情得以优先处理，可以减少你遭遇到的紧急问题，时间压力感就可以由此被消除了。

紧急但不重要的事情。这类事情紧急却不重要，因此具有很大的欺骗性，让人以为紧急的事情总是重要的。这类事情对你实现目标不但没有什么帮助，还会夺走你很多时间，所以能让别人帮你办的事就尽量让别人办。

既不重要也不紧急的事情。这类事情纯属浪费时间，能不做坚决不做。

（3）执行要坚决。

执行要坚决，不只是对该做的事情来说，对那些不该做的事情也要坚决：①坚决剔除掉那些纯属浪费时间的、既不紧急也不重要的事情；②巧妙拒绝去做那些紧急但不重要的事情，能转交给别人就迅速转交；③按照计划一步一步完成那些重要但不紧急的事情；④全力以赴做好紧急且重要的事情。

（4）学会授权。

把那些可以委托给别人做的事情尽可能地交给别人去做。当你学会了授权后，你就能为自己腾出更多的时间，去做更多重要的事情，从而得到更大的回报。

05

"ABC 时间管理法"，让你真的很高效

想更快实现你的人生目标，就一定要让自己成为一名高效能人士；要成为高效能人士，就必须学会管理好你的时间，去做那些对你将来收获你最想要的东西特别有帮助的事情。

如果你想成为管理时间的大师，做一名高效能人士，"ABC 时间管理法"是必备技能。"ABC 时间管理法"是一种工作计划的排序法，具体的做法是：在每天下班前把第二天要干的工作以事情的重要程度为依据，将其分成 ABC 三个等级；第二天上班后，你从 A 级开始落实；当 A 级落实好了，然后开始落实 B 级，依此类推。当日未完成的工作，安排到第二天，加入第二天要做的事情里，一起重新进行 ABC 排列。

"ABC 时间管理法"能帮助我们有条不紊地进行学习、工作和生活等活动，让我们不会因烦乱的日常事务而感到手忙脚乱，能帮助我们有效避免"无关紧要的事占用了我们大量宝贵时间"的状况发生。

怎样才能很好地应用"ABC 时间管理法"呢？我们先来看看这个案例。一位青年教师，他对教师工作很有责任感，一直努力想办法提高学生们的学习成绩。不过他最近很想趁自己还年轻，去考取某所大学的在职研究生，让

自己拥有一个更高的学位。

矛盾就这样产生了：他要是以关心学生为主，那么不但要在课堂上努力教好大家，下课后还要认真备课；他要是以考取研究生为近阶段的核心目标，在课余时间，就应该抓紧一切时间去备考，为成功考上研究生做足准备。

令他烦恼不已的是，这两方面他都非常重视，没办法分出一个主次来。怎么样才能解决他的烦恼，让"鱼与熊掌"皆可兼得呢？首先，他应该对自己的人生进行一个规划，并详细地写下来，然后迅速转化为具体的行动。这个规划应该切实可行，有长期规划、中期规划、短期规划。当规划做好了后，他也就知道自己该做什么事情，什么时候做什么事情，以及怎么做了。

我们不妨结合"ABC 时间管理法"来帮助他落实一下，看看他每天都应该做些什么。首先是列出"A 级"事情。"A 级"事情是最重要的事情，需要投入大量的时间和精力。假如他的短期目标里最重要的内容是获得研究生学位，那么他今天应该完成的"A 级"事情，就是能学习完一部分对考研有很大帮助的内容。

其次是"B 级"，比如，去批改部分学生的作业，写教案。然后是"C级"，比如，洗衣服，给朋友打电话，处理一些杂事。

由于每个人每天的时间是固定的，而且每项工作的紧迫程度也不尽相同，所以，这个大概的划分并不能彻底解决排序问题，还有必要进行细分。例如，可以将"A 级"里的事情进一步细化为 A-1、A-2、A-3，等等。总之，一定要将时间和精力尽可能放在那些你觉得真正重要的事情上来。

这种划分也不是一成不变的，随着时间的推移优先次序也会发生变化："A 级"工作说不定几天后会降为"C 级"，"B 级"或"C 级"工作几天后可能升为"A 级"。例如，第二天学校里会有上级领导来听课，很显然，备课就是今晚最重要的事情，这件事情也就由"B 级"上升为了"A 级"，那准备考研而进行的复习就会下降为"B 级"。

还存在另一种情况。由于刚开始时的划分是根据自己的判断或者说是估计做出来的，所以在划分过程中，你不一定就非常确定自己的判断是正确的，很可能你判断的标准不是事情带来的结果，也许你在完成的过程中发现自己并不喜欢，或者不会给自己带来预期的结果，那你很可能会将其降为"B 级"甚至"C 级"。

类似上述这样的调整其实是会不断出现的，这样的调整目的就是为了更有效地利用当前的时间，使我们能把时间和精力更多地放在那些真正重要的、正确的事情上，避免自己在价值不高、没有意义的事情上投入过多的时间与精力。

为工作排序是合理安排我们的时间、让我们的效能更高的必要步骤。可能有的人会在潜意识里将自己认为重要的事情往前赶，但由于没有具体的排序，导致随机性增大，结果让自己变得很低效。比如，在刚上班的时间段和午饭后的时间段做同一件事情，效率是不一样的。因此，对工作进行排序就可以最大程度上减少这种随机性，尽可能让重要的事情出现在合适的时间段，从而得到相应的高效回报。可见，对工作进行排序才能实现利用最少的时间获取最大收益的目的。

总之，如果你现在感觉自己每天都被工作要得团团转，那么不妨为自己的工作任务列一张清单，将那些你认为最重要、自己最重视的工作划归为"A 级"；将那些一般重要的工作划归为"B 级"；将那些最不重要的划归为"C 级"。然后，按照事情的重要程度安排合适的时间去依次落实。当你养成了每天给要做的事情和工作分级的习惯后，你已经成了一个时间管理的高手，做事情一定能更顺利，你已经走在了通往成功彼岸的大道上。

06

用好"任务清单"，想不高效都难

你是否出现过这样的状况：在下班时、临睡觉时或者在别人向你要结果时，你才发现有什么工作被你忘记了，没及时完成。你对此懊恼不已，下定决心再也不犯这样的错误了。然而，过了一段时间，类似的情况又出现了，你又忘记去做某件事情了，可怕的是，这件事情还非常重要。于是，你被批评甚至惩罚了。

是不是只有你才会犯这样的错误呢？并不是，很多人都会犯忘记去做某件事的错误。只不过，能够让自己以后避免再犯的人并不多。那些真正做到了的人，究竟采取了什么有效的方法呢？方法其实很简单，每天列出"任务清单"，然后按照清单上面列的事情，一件件落实好，就绝不会有遗漏了。

俗话说，"好记性不如烂笔头"。只要你把"任务清单"列好，即使因为忙碌而把某些事情暂时忘记了，但一拿出"任务清单"，马上就能记起来了。即使有意外发生，"任务清单"也可以保证你不会遗漏掉任何工作任务。

列"任务清单"还有一个好处，就是能够让你在每天有限的工作时间内完成尽可能多的工作，因为任务清单会提醒和指引你注意需要完成哪些具体工作，让你更能有的放矢，高效做事。

在列任务的时候，有人可能会问：究竟什么样的任务需要列在清单上呢？所有的任务，无论重要还是不重要，紧迫还是不紧迫，都列上去吗？还是只列出那些今天计划去落实的事情，或者将自己接下来几天要去完成的事情都列上去呢？

要用好"任务清单"，绝不是把要落实的事情全列在清单上面就可以了。你还需要对清单上列出的所有事情进行高效管理。仅仅把要做的事列到清单上，这只是一种被动的时间管理，虽然这能让你不再忘记要做的事情，但还不能让你的时间更多地用在最重要的事情上。你要积极地管理好你的"任务清单"，简要地说，就是要根据清单上的任务的重要性和紧迫性进行分类、调整和规划，然后进行合理、科学的调配，然后再去执行。

在列"任务清单"时，我们要让"ABC 时间管理法"来帮助我们。具体怎么来做呢？其实列清单很简单，在记事本或者一张空白的 A4 纸的顶端写上"最近要做的事"，然后在下面列出你最近要完成的事情，无论是什么样的事情，都可以先列出来。等列完之后，就按照"ABC 时间管理法"说的那样，把你列出来的所有要做的事情，分为"A 级""B 级""C 级"。

当你把所有列出来的事情都分别归到"A 级""B 级"或者"C 级"里之后，你就要首先把"A 级"里的所有事情按紧急程度，列出一个去落实的先后顺序，然后"B 级"和"C 级"也是如此。

接下来你要做的是，从上述已经分好级别的任务里，找出今天必须完成的任务。然后，开始去落实这些任务时，先想方设法完成"A 级"，然后是"B 级"，再然后是"C 级"。当你经过努力后，今天的任务还是没有全部完成，那么今天尚未完成的事，就加入明天的任务清单里。做法还是一样：先列好明天要完成的"A 级"任务，然后是"B 级"任务，最后是"C 级"任务，以此类推。

在具体落实清单所列任务的时候，你可以先梳理一下清单，看看其中有哪些工作是必须自己亲自全力去完成的，有哪些工作是可以委托给别人，如朋友、下属、保姆、上司、客户等来做的。如果能够让别人来帮你做，或者别人做得比你做得好很多，那么尽可能地让别人来做。你要的是最好的结果，至于过程，如果不是一定要你亲自去经历，就没必要去经历。

例如，"C级"任务完全可以交给别人去做，因为这类事情根本提供不了什么价值给你，还会占用你很多时间和精力。"B级"任务里，可以交给别人的也尽量授权给别人去做，实在是不方便交给别人去做的，你才有必要去做。对于"A级"任务，如果授权给别人去落实对你的未来并不会造成任何负面影响，你也可以适当地交出去让别人办。这样，你就可以有更多的时间和精力去完成更多的"A级"任务了。

我们每天能亲力亲为地去完成的工作最好是三到四项，因为这个工作量能保证我们可以集中精力完成。当然，如果效能提高了，也可以递补其他的工作任务上来。但要注意的是，当有很多事情需要做的时候，一定要先选择好做哪些事情，不要为了迎合别人而轻易改变自己"任务清单"上的执行计划，更不要放弃、拖延一些原本就要紧急完成的工作。

每完成一件任务后，你都可以勾掉清单上的相应内容，并随时补充上新的任务。为了利用好"任务清单"，你最好不要将这种清单随手记在便条上，也不要随手乱放。最好将它们夹在备忘录里，或者夹在笔记本里。否则，你寻找清单的时间就足够完成一件事情了。当然，列好了"任务清单"，你还需要养成随时翻看的习惯，这样也可以随时整理所有未完成的"A级"任务的落实时间。

总之，当你习惯了使用"任务清单"后，你一定会惊喜地发现，自己已经成了一名高效能的时间管理高手，每天做事的时候，想不高效都难。愿你早日获得这种惊喜。

07
多做重要的事情，对你的未来更有利

"ABC 时间管理法"告诉我们，我们的工作任务和我们平日里必须要做的事情，都可以按照重要性和紧迫性的程度，归类到 ABC 三个等级的某个等级里。当然，最主要的判断和划分标准还是重要性的程度。因为既重要又紧迫的事情，以及重要但不紧迫的事情，都可以划归为"A 级"。这提醒我们，重要的事情是需要优先完成的，因为它能给我们带来很大甚至最大的回报。

显而易见，"A 级"的事情之所以重要，就是因为它的价值比"B 级""C 级"的价值要大得多，带来的回报要高得多。所以，在一天可供支配的时间里，尽可能多做一些重要的事情，就能够在单位时间内获得更高的价值。从长远来看，这对你的帮助和发展也是最大、最有利的。

不过，需要注意的是，"A 级"事情的地位和性质并非一成不变，而是会随着阶段目标的变化、发展而发生变化。比如，今天的"A 级"工作是召开销售会议，但这个"A 级"不可能每天都有，因为销售会议一个月或者一个季度才召开一次。在不召开销售会议的时候，你的"A 级"将会是其他值得优先完成的重要事情。

有的"A级"会伴随你一段时间，在此期间，它都是你要优先落实的重要事情。例如，因为某些原因，你现阶段必须把驾照考下来，那么在从你报名到拿到驾照的这段时间内，你的"A级"就是温习交规、上车练习……直到顺利拿到驾照。一旦你拿到驾照，你的"A级"就不再是考驾照，而是其他重要事情。

可见，每个人的"A级"或者说重要事情其实都在不断变化之中。每个人每一天都会有"A级"，每个星期、每个月、每一年、每五年……都会有不一样的"A级"。那么，如何设定A级目标呢？答案是学会不断筛选。

马天雨从事销售工作已经三年了。在这三年时间里，他也积累下来几十个老客户。这些客户的消费能力都不一样。有些客户每次给他下的订单都是1万元以内，有些客户每次下的订单都是几万元，还有一些客户每次下单的金额都超过10万元。

看手上的老客户已经不少了，马天雨决定给这些客户进行ABC分类。最终，他把每次下订单的金额超过10万元的客户，归为"A类客户"；每次消费1万元以上、10万元以下的客户，归为"B类客户"；每次下的订单都不足1万元的，归为"C类客户"。

他每个星期都会梳理一遍自己的"客户档案"，筛选确定那些需要被淘汰的客户，然后淘汰掉他们，将原来花费在他们身上的时间用来争取大客户。这样，他的"A级"任务就增加了。如果他将这种筛选工作不断进行下去，他的"A级"任务就会不断增加，而收益也会随之不断上涨，他就达到了每天尽可能多做重要事的目的。

其实，马天雨在刚刚开始做这份销售工作时，也对客户进行过ABC分类。只不过，那时候只要是能够给他订单的人，都是他的"A类客户"，无论这个客户的订单金额是1千元、1万元还是10万元。而他认为有可能会给他下订单但其实一次订单都没有给过他的，都被他归为"B类客户"。那些他准备拜访的陌生客户和他认为目前还没有任何可能会给他下订单的人，则被他归为"C 类客户"。可见，他的 ABC 分类标准，是动态的，每个阶段都是会变化的。

现在多做一些重要的事情，对你未来的发展和成功会非常有利。例如让自己在某些方面迅速成长，又如尽早让自己掌握一些必备的个人技能。当然，学习成长过程中，"A 级"也是随时可能会变化的。以前面提到的考驾照为例。在考驾照的整个过程里，在刚开始时，你的"A 级"任务应该是了解、熟记交通规则，掌握基本的行车规则。

当你熟练掌握和牢记了交通规则和基本的行车规则后，你就可以将其降为"C 级"任务了。然后，你就可以用更多的时间来练习实际操作和具体的驾驶技巧了。在练习基本驾驶技能的时候，你的"A 级"任务是能够从起步停车开始，做一些简单的驾驶，如换挡、加速、倒车、拐弯等。等你将这些都熟练掌握后，你的"A 级"任务将变成是熟练驾驶、上高速等。

不断提高驾驶技能的过程，就是一个不断筛选的过程。当开始时的"A 级"任务变成了后来的"C 级"任务后，就不需要再花时间学习了，因为在完成后面的"A 级"任务的过程中，"C 级"任务就已经成为其中熟练掌握的组成部分了。以此类推，不断将原来的"A 级"任务降为"C 级"任务，就能够不断腾出时间来完成新的"A 级"任务，于是就能去做更多重要的事情了。

不断筛选、淘汰"C 级"任务，就是为了获得更多去做"A 级"任务的时间。而你的目标不同、动机不同，你的"A 级"任务也会不同，而根据自己的目标、动机来进行筛选，也是争取更多时间去做更多重要事情的高效方法。

懂得管理时间、善于利用时间的高效能人士，总是能够让自己去做更多"A 级"任务，让自己现在多完成一些重要的事情，为将来的自己积累下更多有利条件和资源。

08
"C 级收纳箱"，你值得拥有

　　想利用好"ABC 时间管理法"，让它帮助你成为一个深谙时间管理之道的高效能人士，除了实践好前面教给你的内容外，你还需要拥有一个"C 级收纳箱"。在"ABC 时间管理法"里，被归到"C 级"的事情，通常都是既不重要又不紧急的事情。然而，这样的事情其实非常多，虽然这些事情没什么价值，但它们却是不得不做的事情。如复印材料留档、填各种进度表格、回复同事的咨询邮件等各类工作杂事，就是典型"C 级"事情。

　　幸好，这类工作你完全可以让别人帮你做了。但是，如果找不到人帮你干怎么办？你就只好抽点时间，或者利用休息时间去完成了。需要用来完成"C 级"任务的时间可以很零散、很随机，可以每天安排一些，也可以在一天的不同时段去完成。

　　为了更好地实践"ABC 时间管理法"，你可以在办公桌上给"A 级"工作留出一个专属的区域，然后给自己准备一个"C 级收纳箱"，越大越好，用来专门放置那些既不重要又不紧迫的"C 级"工作。

　　刚开始时，你会大致将工作任务按"A 级""B 级""C 级"来分类。在进行了一段时间后，你就可以尝试着将"B 级"工作中的一部分划分到"A

级"或"C级"中去，然后重新将"A级"工作放入"A级"的专属区，将"C级"工作放入"C级收纳箱"。

实践几个月以后，你可以重新整理一下你的办公桌。具体的做法还是，你将所有的工作都拿出来，然后进行"A级""B级""C级"的分类。这时候你会发现，其中有很多工作已经不再需要花费时间处理了。这样的整理工作最好能够不间断地进行，因为这有利于及时发现需要紧急处理的事，以及再也不用管的可以放到"C级收纳箱"的事。这样你就既能更好地安排时间，又省出来很多时间。

为"A级"工作设置"A级专属区"是很有必要的。因为这类工作能够给你带来最大的回报，所以值得特别重视和优先对待。至于"B级"，就需要在不断推进的过程中持续评估，如果在整理的时候发现能归到"A级"，就归到"A级"，然后马上安排时间落实。如果在整理的时候发现能归到"C级"，就把它放到"C级收纳箱"，能交给别人处理最好，如果没有人帮你处理，待你有空闲时间再处理亦可。

"A级专属区"不可或缺，"C级收纳箱"其实也必不可少。有很多人会将种类繁多的文件全部放置在一个抽屉里，从表面上看起来似乎显得很整洁，但是真正到找资料的时候却十分麻烦。因为你每次都需要翻遍整个抽屉才能找到需要的那份文件。

虽然放在同一个抽屉里，但其实你也知道这里面的某些事情很重要，某些一般重要，有些根本不重要。可是一旦全部堆在一起，结果只能是重要的也变得不重要了，因为你不是在拖延，就是忘了去做；一些完全没必要做的，还堂而皇之地占据着一席之地，然后每次都会成为你完成某项工作的一个障碍，你每做一次就需要翻越一次这个障碍。而每次出现这样的麻烦都导致你开始厌倦接触这个抽屉。

其实，解决类似问题的方法很简单，你只需要一个很大的"C级收纳箱"，在里面分成好几层或者好多格子，然后再准备足够多的标签，分门别类地贴好标签。接下来的工作就是将你原来收在抽屉里的东西，按照标签的标示分门别类地放进"C级收纳箱"相应的格子里。

这样的格子和标签可以尽可能详细、精确，即使是一样东西占据一个格子，只要有必要也是值得做的，只要适当缩小占据的空间即可。这样你就能很容易找到自己所需要的，不需要每次都翻箱倒柜。

总之，每个人都有自己整理工作和资料的方式，也可以根据自己习惯的方式来。在整理的时候，最重要的是要把那些"A级"和"C级"工作区别开来。在每一个类别里面，还可以进行"A级""B级""C级"的分类，按需求进行更细化的分类是很有必要的。具体怎么来做，可以回顾一下前面的内容。反正是怎么做更能提高你的效能就怎么做，只需要在"ABC时间管理法"的指导下进行即可。

第 四 章

Chapter 4

情绪管理：
每天都要练习管控情绪的技能

01

做好情绪的主人，不做坏情绪的奴隶

想要成就自己，实现理想，不但要懂得管理目标和时间，善于经营优势，还要善于驾驭自己的情绪，成为一个心态良好，能从容面对压力，充满正能量的人。

控制不了自己情绪的人，往往容易激动，导致乱说话，行为失控，因为一点小问题而酿出大祸。所以，不要带着坏情绪工作和生活，不管发生了什么事情，都要让自己保持积极乐观的心态，努力做好情绪的主人，不做坏情绪的奴隶。

某连锁酒店供电系统的安装工程公开招标，莫洁所在的公司让莫洁负责牵头把投标用的标书做好，然后参加招标大会。没想到，标书重做了两次，依然不行。公司负责这个项目的王总只好找莫洁谈话，寻找问题发生的根源，希望一次性把问题都解决了。

莫洁最近因为家庭问题心情十分烦躁，觉得世界上所有人都跟她对着干，标书的事情，她认为都是其他员工工作做得不到位。所以跟王总沟通时，她一直抱怨说，投标文件里的"技术标"做得那么粗糙，完全是技术组的问题，他们还没有详细检查好就给她了，结果里面还有很多问题；"报价标"其实已经反复调整过很多遍了，但里面有些数据出了问题，不能怪她；分配给她的几位新来的年轻人不但帮不上什么忙，还总是耽误事，让他们盖章、调文件格式，都弄得完全不符合要求；一直合作的那家复印装订社，机器质量差，员工干活不利索，标书装错了好几本……

莫洁滔滔不绝地说了一大堆，话里话外意思只有一个：虽然标书出了两次问题，但主要责任不在自己身上，都是别人的错。

王总见莫洁不但没认识到自己的错，还往外推卸责任，便有些生气地问道："为什么同样是这批人，由别人牵头负责的标书文件就没有这些问题呢？"

莫洁有些不屑地说："这个'别人'不就是马璐吗？她跟招标单位关系特别好，标书怎么做都肯定能通过啊！"莫洁又指出，马璐也经常出错，只是王总不知道，比如哪次哪次……

看到莫洁还在为自己辩解，王总很不耐烦地打断了她的话，让她不要再从别人身上找借口，而应先从自己身上找问题。后来，王总把这次投标的事交由别人负责，而莫洁则在很长一段时间里没能得到单独负责一个投标项目的机会。

莫洁将自己的坏情绪带到了工作中，遇到问题时，她没有勇敢地承担责任，而是一味地抱怨别人，找各种借口为自己开脱。最终她的工作受到情绪的影响，给上司留下没有担当的坏印象，使得自己的职业前途也蒙上了一层阴影。

坏情绪是我们努力奋斗路上的地雷，一不小心就会让我们"受伤"。每个人都会有情绪，不可能遇到什么事情都心如止水，但我们一定要学会控制情绪。当有坏消息袭来，自己忍不住要发火时，不妨先在心里默念10个数字，然后去想："发火是否有助于解决问题？发火是否会有严重的后果？"如果两个答案都是否定的，就要强压怒火，或者到无人的地方再发泄出来。

对于正常的负面情绪，不用过多压抑，应当合理宣泄，否则积聚起来，危害很大。情绪的宣泄必须合理，有的人不分时间、地点、场合，对着引起自己不快的人大发雷霆，这种不理智的发泄肯定会引起不良的后果。

抱怨又常常与坏情绪相伴。在针对"职场抱怨"的某次调查里，有将近六成的人在每天的工作当中至少要抱怨一次，所抱怨的内容大多来源于自己的工作，坏情绪不仅会影响抱怨者对待工作的态度以及做事的热情，也会像病毒一样传播，给团队带来或大或小的危害。

自从来到现在这家中国 500 强企业担任制造总监后，张志出现坏情绪的次数大幅度增加了。张志是从一家国有企业跳槽到了现在这家民营企业的。与之前相比，他的职位提升了，工资涨了一大截，福利待遇更好了。

然而在这家民营企业干了一段时间后，他遇到了很多让他难以忍受的事情：与原来单位相比，这里的工作太多、太复杂、太烦琐，让自己整天都很累，压力很大；这里的管理也很不好做，保险制度也不健全；老板做的决定也常常和他的设想不一致。诸如此类，都让他满腹牢骚，坏情绪与日俱增。

有一次，张志半开玩笑半认真地对老板抱怨说："您把我挖过来到这里工作，是让我干事业，还是让我做游戏呢？"

对于张志坏情绪越来越多的表现，老板其实也很不满，他不明白为什么自己花了那么多钱"挖"来的总监居然这么挑剔，没来几天，还没对整个企业有一个全面深入的了解，就对企业这也看不惯，那也看不惯。老板很不开心，想解雇张志但又心疼之前在张志身上的投入；留下他吧，又担心他的坏情绪会影响其他员工，让公司充满了负能量。

张志的坏情绪令自己无心工作，更糟糕的是，他的抱怨也引来了老板的抱怨。时间一长，由于两人没有沟通好，所以他们之间逐渐筑起了一道彼此不信任的无形的墙，最终让双方的雇佣关系破裂。

爱抱怨，喜欢挑剔别人，让自己越来越被坏情绪控制，这些都会对自己的工作和生活产生很大的负面影响，甚至会影响自己未来的发展。所以，一定要学会做好情绪的主人，坚决不做坏情绪的奴隶。这样才能更好地生活，更好地工作，更好地发展自己。

02
好心态是成就事业的一大关键

　　无论你想成就什么样的事业，实现什么样的理想，让自己成为一个充满正能量的人，都一定会对你有很大的帮助。

　　用好的心态看待事情，在做事过程中往往能更加用心和专注，所以最终结果往往也很好。如果一开始做事就抱着错误的心态和观念，即使才华横溢、经验丰富，也会把事情办糟。所以，无论你想做成什么样的大事，在开始时都要拥有一个正确的心态。

　　心态，本质上是对待事物的看法和态度。不同的看法和态度，决定了不同的行为和结果。一个人能否成功，心态起到了至关重要的作用。任何取得伟大成就的人，都是心态良好和善于调整自己心态的人。

　　艾尔从进入美国联合保险公司开始，就下定决心要努力成为公司里业绩最好的保险推销员。为了更好地把保险推销出去，他勤奋地阅读各类相关书籍，向所有人学习他们的方法技巧，并努力地在实践中应用这些技巧。例如，他学习了"积极心态的力量"后，就马上应用于推销实践上，结果取得了很好的效果。

　　原来，有一天他在一本名为《成功无限》的杂志里，读到了一篇题为

《化不满为灵感》的文章。他深受启发，便马上想到要在推销保险时用它来指导。很快，他就有了一个实践的机会。

这是一个寒风刺骨的冬天，艾尔在威斯康星市区里冒着严寒沿着一家又一家商店去推销他的保险，然而一份也没有卖出去。刚开始，他非常不满。但一想到那篇文章，他就迅速让自己的心态积极了起来，努力将不满转化成为"灵感"。

第二天从公司出发前，他把自己前一天的失败告诉了其他推销员。他说："今天我要再去拜访那些客户，并且会卖出比你们更多的保险。"大家都笑他在吹牛，并没有当真。没想到，艾尔真的做到了！他回到那个市区里，再度拜访每一个他前一天聊过天的人，结果他一共卖出了 66 份保险。

他能卖出这么多份保险，是因为他没有放弃，在推销的过程中拥有一个积极的好心态。当拥有好心态时，就会有好感觉，从而创造性地发挥大脑机能，并体验到幸福与自信。艾尔的故事还启示我们，事业成功的关键其实掌握在我们自己的手里，而不是在他人手里。这个关键，首先是拥有良好的心态。换言之，好心态是成就事业的一大关键。

如何让自己始终拥有一个好心态呢？学会进行积极的自我暗示。积极的自我暗示，是指在自己的内心里认为自己能够成功、正在进步，且会越来越好。学会积极的自我暗示，对于激发人的潜能和活力具有巨大的作用。

不同的意识与心态会有不同的心理暗示，而心理暗示的不同也是形成不同的意识与心态的根源。所以说心态决定命运，正是以心理暗示决定行为这个事实为依据的。例如，周末你本来约好了要和朋友们出去玩，可是早晨起来往窗外一看，下雨了。这时候，你可能会想："糟糕！下雨天，哪儿也去不成了，这大周末的却要闷在家里，真没劲！"当然，你也可以这样想："周末下雨了也挺好，正好能在家里好好读读书，听听音乐，让自己放松放松。"这两种不同的心理暗示，会给你带来两种不同的思考方式，做出不同的行为，产生不同的结果。

在现实生活和工作中，我们应该如何通过积极的心理暗示来处理事情呢？我们来看一看某女打字员是怎么做的。这位女打字员在一家石油公司上班，每个月都要花几天的时间，填写一份塞满了统计数字的报表，这使她感到很厌烦。于是她想：怎么样才能使这份令人厌烦的工作变得有意思起来呢？

想了半天，她终于找到了一个好办法。她决定把这份工作当成一件具有挑战性的趣味工作来做。于是，她点出每天上午所填的数量，尽量在下午去打破自己的纪录；然后再点清一天所做的总数，第二天再想办法打破前一天的纪录。结果，她很快就把这份原来令她感到乏味厌烦的工作快乐地完成了。

工作本身并没有变，只是改变了一下心态，结果完成起来就变得轻松了许多。可见，不同的心理暗示往往会产生不同的结果。欲成就一番事业，不妨从拥有积极良好的心态开始。想拥有积极良好的心态，不妨从积极的自我暗示做起。

03
伟大的事业往往是因为热忱而做成功的

　　一个人的做事态度，决定了事情会有一个什么样的结果。积极良好的做事态度，会收获好的结果；反之，会产生很糟糕的结果。以工作为例，如果工作态度很好，工作一定会做得非常好；如果工作态度不好，那就很难做出成绩。以提供服务性质的工作为例，如果服务态度很好，就能让客户非常满意，进而成为忠实客户；如果服务态度不好，很容易得罪客户，招致客户的投诉。可见好态度是多么的重要。

　　最能体现良好态度的是热忱和激情。例如，最完美的工作态度，就是对工作积极负责，充满激情。本节先来聊一聊"热忱"，下一节再聊一聊"激情"。

　　爱默生说过："有史以来，没有任何一项伟大的事业不是因为热忱而成功的。"这是一句能引发我们深思的名言，更是一条指引我们迈向成功之地的路标。

　　热忱和人的关系，就像是蒸汽和火车头的关系：热忱是人能够采取积极行动的主要推动力。无论你从事什么行业，你都需要热忱。当你在工作时与热忱相伴，你的工作将不再显得辛苦与单调。热忱会使你的身体充满活力，让你工作起来不知疲倦，甚至废寝忘食。

美国成功学家、《思考致富》的作者拿破仑·希尔总是习惯在晚上写作。有一天晚上，拿破仑·希尔一直在专心地敲打着打字机。在写完了一篇文章后，他为了放松一下眼睛，便从书房窗户望了出去。他的住处正好在纽约市大都会高塔广场的对面。这时，他看到了一个很怪异的像是月亮倒影的东西正反射在大都会的高塔上。那是一种银灰色的影子，他以前从来没有见过。他再仔细观察了一次才发现，那是清晨太阳的倒影，而不是月亮的影子。

原来，天已经亮了！他工作了一整夜，但因为太专心于自己的工作，使得一夜的时间仿佛只是瞬间，一眨眼就过去了。接下来，他稍事休息，吃了点东西之后，又继续工作，一直忙到傍晚。如果不是对自己的工作满怀热忱，充满干劲，他不可能连续工作了两天一夜，而丝毫不觉得疲倦。

热忱能使人保持清醒，让人全身所有神经都处于兴奋状态；热忱能推动你去做内心渴望的事情，能助你跨越各种阻碍实现既定目标。所以，热忱是帮助你实现愿望、目标的最强力量之源。

美国成功学大师戴尔·卡耐基指出："世上大多数重要的事情，都是被那些在看似毫无希望的情况下依然坚持尝试的人做成的。为什么这类人会坚持呢？因为他们充满热忱。"工作没有热忱，很难全身心投入进去，久而久之，你就会沦为平庸之辈。只有那些对自己的工作怀有真正热忱的人，才能把愿望变成美好的现实。

热忱的人，会全力以赴地达成目标；热忱的人，会想尽办法去解决困难；热忱的人，会踏踏实实把当下的事情干好；热忱的人，会把事情做到尽善尽美；热忱的人，会用积极的态度影响周围的人，让大家和他一样，努力发挥才干，把各自的工作完成得更加出色。

有位德高望重的牧师叫戴尔·泰勒。他给教会学校的学生们讲了这样一个故事。

有一年冬天，某猎人带着他的猎狗进山打猎。在山里猎人很快便发现了一只兔子，于是他瞄准兔子射击，可惜只是打中了它的后腿。受伤的兔子拼命逃跑，猎狗则在兔子后面穷追不舍。

追了半天，猎狗始终没追上兔子。最后，猎狗累得气喘吁吁，眼看着兔子越跑越远，只好放弃了追赶，悻悻地回到了猎人身边。猎人大骂猎狗："你真没用，连一只受伤了的兔子都追不到。"猎狗很不服气地说："我已经尽力了！"

兔子带着枪伤逃回了家，家里的其他兔子都围了过来，惊讶地问它："那只猎狗很凶呀，你又带了伤，是怎么甩掉它的？"受伤的兔子说："它是尽力而为，我是竭尽全力啊！它追不上我，至多挨一顿骂，我若不竭尽全力地跑，就没命了！"

讲完这个故事，泰勒牧师对大家说，很多人都像猎狗那样，对着目标追赶了半天，在遇到困难、挫折后，便放弃了追赶，所以这些人最后什么"猎物"也得不到。但也有些人会像受伤的兔子那样，竭尽全力地追求目标，直到目标达成。

说完这番话，牧师又向全班同学郑重承诺："谁要是能背出《圣经·马太福音》中第五章到第七章的全部内容，我就邀请谁去西雅图的'太空针'高塔餐厅参加免费聚餐会。"《圣经·马太福音》中第五章到第七章的全部内容有几万字，还不押韵，要背诵出全文难度极大，很多人背诵一段时间之后，便放弃了。

没想到班上有个男孩做到了，他站在泰勒牧师的面前，从头到尾按要求都背了下来，一字不落，而且声情并茂！泰勒牧师好奇地问男孩："你为什么能背下这么长的文字呢？"男孩不加思索地回答："因为我竭尽全力。"16年后，这个男孩成为美国微软公司的创始人，他叫比尔·盖茨。

泰勒牧师讲的故事和比尔·盖茨的成功背诵，给了我们这样的启示：只要充分发挥热忱，每个人都有极大的潜能。

无论你想达成什么目标，都请先把你的全部热忱拿出来，全力以赴地去追求它。如果你想在职业生涯里取得伟大的成就，就请最充分地展示你的工作态度，把全部热忱都投入到工作中去，竭尽全力地把工作做到最好！这样，你终将收获最想要的结果。

04
你的激情，助你成就非凡

爱默生说："没有激情，就没有成就任何事业的可能。"无数现实案例告诉我们，要想成就事业，必须拥有激情。在上一节我们说过，最能体现良好态度的是热忱和激情。例如，最完美的工作态度，就是对工作富含热忱，充满激情。上一节已经聊过了"热忱"，本节我们谈一谈"激情"。

激情是一种原始渴望，是一种为了达成所愿从而产生的巨大能量。激情在心，再努力付出，你也不会感觉累。将激情融入行动中去，你就有了成就任何伟大事业、赢得一切美好事物的可能。

路易斯·朱利安是一位对工作非常有激情的人，她曾在可口可乐公司任职，并为可口可乐的新产品健怡可乐打入欧洲市场立下汗马功劳。在当时，要想让喝惯了传统可乐的保守欧洲人改喝新产品健怡可乐，难度是非常大的。但对工作充满激情、很喜欢挑战困难的路易斯·朱利安毫不犹豫地接下了这项艰巨的工作任务，然后开始迅速落实。

为了让健怡可乐早日成功打入欧洲市场，她每天工作十几个小时。不过对于她来说，工作就是一种享受，既不苦也不累，倒是如果没能完成任务就闲下来，反而会让她像犯了大错一样难受。

她就这样一天又一天地按计划执行着，并解决遇到的各种难题，努力完成着每一个或大或小的目标。终于有一天，当她放下手上工作走到欧洲大街上时，她惊喜地发现，满大街的人都在喝着健怡可乐。喝健怡可乐已成了一种时尚和潮流！看到这些，她有一种发自心底的成就感和快乐，因为她圆满地完成了任务——她用自己的满腔激情和努力执行，为健怡可乐成功地打开了欧洲市场。

后来她加入了英孚教育公司，在那里一干就是十八年。2002 年，当英孚教育的创始人贝蒂尔·胡尔特卸任时，她成功当上了英孚教育公司的首席执行官，并成了最具全球影响力的商界女性之一。

你的激情，能帮助你造就非凡的成功。其实，很多功成名就、拥有巨额财富的人士，依然对工作充满了热忱与激情。沃尔玛公司创办人山姆·沃尔顿在世的时候，终身都对工作充满了热忱与激情。

山姆·沃尔顿在 60 多岁的时候，依然能每天早上 4 点半就起床开始工作，然后一直忙到深夜。偶尔心血来潮时，他还会在凌晨 4 点访问一些配送中心，与大家一起喝咖啡，吃早点。

每个星期，精力充沛的他都会花 4 到 6 天时间去视察分店。他经常会自己开着飞机，从一家分店飞到另一家分店。为了准备周末上午的经理会议，他会凌晨 3 点就到办公室开始工作。在 20 世纪 70 年代时，他每年会对每家分店访问至少两次，对每家分店里的老员工都很熟悉。

山姆·沃尔顿这样一位有着上百亿美元资产的超级富豪，还能如此富有激情地努力工作，这值得每一位想追求成功的人学习。

微软公司前总裁史蒂夫·鲍尔默也是一个对工作特别有激情的人。有人曾把他形容为一个喊破嗓子的啦啦队队长，事实也是如此。每当斯蒂夫·鲍尔默全身心投入工作中时，总会顶着自己的大脑袋高声地叫喊，而且还手舞足蹈，声情并茂。每一次给微软员工讲话时，他都会激动不已，就像开战前动员大会，每一个听了他讲话的人都会变得信心满满。在 1991 年的一次公司会议上，他竟然因为过于激动把自己的嗓子都给喊坏了，为此还进了医院去做了手术。

和史蒂夫·鲍尔默比起来，微软创始人比尔·盖茨在工作激情上有过之而无不及。青壮年时期的比尔·盖茨，曾连续很多年每天工作十六七个小时，只要一说起工作就激情澎湃，兴奋异常。

所有成功人士都必定是对工作充满激情的人。如果你希望自己在工作中取得伟大的成就，就一定要心怀激情地去工作。

著名哲学家萨特说得好："没有激情，人就只是一股潜伏的动力，在等待时机，就如同燧石对铁的撞击，只产生出火星的光亮。"大作家司汤达认为："怀有激情，就会永不厌烦；没有激情，就会乏闷不已。"英国前首相本杰明·迪斯雷利说："人只有在激情的推动下工作时，才真正体现出其伟大。"

激情是最好的工作态度。激情能提供给我们源源不断的动力，激情能让我们不断努力，不断奋进，最终赢得伟大的成功。所以，在追求成功的路上，请尽力燃放你的激情吧。

05

停止抱怨，你会发现更美的风景

你是否发现，我们其实生活在一个充斥着抱怨的世界。在职场里，同事们不是抱怨老板就是抱怨别的同事，老板不是抱怨员工就是抱怨客户，你不是被老板或者同事抱怨，就是去抱怨老板或者某个同事；在朋友圈里，经常会有朋友向你抱怨，或者你经常向朋友们抱怨；在家庭里，亲人们相互抱怨……然而，抱怨不但没有让世界变好，还可能让生活变得更糟糕。

试想，如果你周围全都是不停抱怨的嘴巴，你会不会有一种快要窒息、想赶紧逃离的感觉？事实上，抱怨不仅解决不了任何问题，还会让身边的人越来越讨厌那些整天爱抱怨的人。一个爱抱怨的人，总觉得整个世界都亏欠了他，生活中的一切都是他抱怨的对象，整天愤愤不平、牢骚满腹。结果，他们把自己的生活弄得"乌烟瘴气"不算，还不断地"污染"、打扰了他人的生活。这样的人，谁见了都肯定会躲得远远的。

《圣经》里有句话说得好："改变你能改变的，接受你不能改变的。"要知道，世界是不公平的，每个人的生活也不可能十全十美，总会遭遇这样或那样让自己烦心不已的事。与其一味抱怨，不如想办法去改变现状！如果实在无法改变，那就试着改变自己的态度和心态，接受现实，停止抱怨与发牢骚，相信你很快就能看到美好的风景。

老宋是一名出租车司机，和很多出租车司机一样，他也习惯性地整天抱怨。例如，抱怨出租车行业竞争太激烈、油价涨得太快、自己每月赚得工资太少……时间就在这样那样的抱怨声中过去了，但老宋的生活还是没什么变化，依然过得不如意。

有一天，老宋无意间在广播里听到了某位励志大师的访谈。这位大师说："停止抱怨、发牢骚，你就可以在众多竞争对手里脱颖而出。记住，千万不要做一只鸭子，要立志成为一只在高空翱翔的雄鹰。鸭子只会'嘎嘎'乱叫瞎抱怨，雄鹰却能在广阔的蓝天上展翅翱翔。"

大师这段话让老宋醍醐灌顶，茅塞顿开。于是，老宋下定决心努力做一只振翅高飞的"雄鹰"。他并不是想想而已，而是真的迅速开始行动。

他开始留心观察整个出租车行业的现状，在这个过程中，他发现许多出租车的卫生状况都很糟糕，司机的态度也比较恶劣。于是，老宋决定做一些实质性的改变。每次顾客上车时，老宋都会主动下车去帮助乘客打开后车门，如果客人带有行李，老宋还会积极帮助乘客将行李放到后备厢里去。

乘客一上车，他就会递给对方一张制作精美的宣传卡片，上面清楚地印着自己的服务宗旨："在愉快的氛围中，将我的客人最安全、最快捷、最省钱地送到目的地。"

他还在出租车上准备了几种饮料和矿泉水，免费提供给乘客饮用。为了让乘客打发车上的无聊时间，他在车上还准备了很多报纸杂志。更为周到的是，他还会给乘客一张各个电台的节目单，让乘客自己选择喜欢听的广播节目。在大家眼里，他这样的服务简直是"五星级酒店里总统套房"的标准啊！但是他还嫌不够全面，会经常向乘客征求意见，例如，他经常问乘客，自己的车里空调的温度是否合适，诸如此类。

老宋的生意越来越好，几乎不需要在停车场里等待客人，一天下来也没有歇停的时候，往往是刚刚送完这个客人，就马上接到另外一个客户的预约电话。这样坚持下来的第一年，他的服务质量广受好评，在行业有口皆碑，收入不止翻了一番。到了第二年，收入就更好了。

而当初的那些同事，在"眼红"老宋总有好生意的同时，仍然"乐此不疲"地抱怨着自己越来越差的工作境况。

面对黯淡无光、了无生气的生活，老宋决定不再抱怨，不再发牢骚，而是以积极乐观的心态去面对现实，并充分发挥自己的主观能动性，努力去改变自己的现状，让原本看似无望的工作和生活又充实、美好了起来。而只知道一味抱怨的人，如老宋的那些同事，却只能过着原地踏步甚至越来越向后倒退的人生。

在东北林海里，青松无法阻止大雪压在自己身上，但它可以弯曲自己，待雪融化掉后，再次挺直腰身。在大河里，蚌无法阻止沙粒磨蚀自己的身体，但它可以用沙子包裹起来以适应环境。从大自然中的一些现象我们可以领悟到这样的道理，学会和环境化敌为友，是我们必须具备的一种适应能力，也是一种生存和发展必备的技巧。很多时候，我们没有改变环境的能力，但我们有改变自己的能力。

因此，无论我们身处什么样的环境，都不应该让牢骚与抱怨充斥自己的嘴巴和内心。正确的做法是，沉下心来，不断提升自己的职业技能，不断修炼自己的心态。只有这样，我们才能在未来收获自己最想要的成功，达成最想实现的目标。

06
少一些"看不惯"，多一些"看得懂"

在某些场合里我们总能听到一些表达自己"看不惯"态度的话："逻辑思维这么差，还好意思站在别人面前指挥，真让人看不惯！""不知道这种人为什么这么自命不凡，要是本事再大点儿还不得飞上天啊！"

抱有这种"看不惯"心态的人，往往会摆出一副不屑的表情，撇着嘴、斜着眼，数落着别人的不是。这种人仿佛看谁都不顺眼，总爱"横挑鼻子竖挑眼"。显然，这种人无论是在生活里还是在工作中，都不容易品尝到快乐的滋味，因为在他们的身边有着太多让他们"看不惯"的人和事了。

容易"看不惯"别人的人，总是爱表现出自己的"看不惯"，很可能是为了自欺欺人而掩饰自身的不足，以求达到自己内心的平衡。当然，有些时候的"看不惯"，可能真的是反映了某些确实存在的问题，这样的"看不惯"是没有错的，甚至还值得提倡。

但当我们留心观察、认真分析才发现，绝大多数的"看不惯"其实并非真的有问题存在，而只是这类人没有把心态摆正，没有把心胸放宽，没有用正确的眼光看待问题。

这类人如果能够转变心态，放宽心胸，用积极的眼光看问题，多站在他人的角度去想问题，不发牢骚、不抱怨，重新审视周围的一切，很可能豁然开朗，从而将原来很多的"看不惯"转变为"看得懂"。对生活中的各种状况越来越"看得懂"时，工作也会做得更加顺利，生活也将变得更加美好。

戴刚和于鑫都是普通员工，也都很努力，业绩都很出色。不久前，一向温和的上司一改往日的口吻，对没能及时完成工作的一位下属进行了严厉的批评。戴刚知道后，在午饭时间向于鑫抱怨了一番上司的不是："平时看他挺温和的，没想到原来是一头'狮子'啊，以后我们也要小心做事，可不能让他抓住什么把柄，给他公开批评我们的机会。不过如果他真敢这样对我，我就炒他的'鱿鱼'！"

听着戴刚"看不惯"上司的话，于鑫只是笑笑，没有回应。吃完午饭回到办公室后，于鑫想了一会儿，然后决定在 QQ 上和上司聊一聊，因为他觉得上司突然发这么大的火肯定是有原因的。

果然事出有因。原来上司年过八旬的母亲马上要做一次大手术，想到年迈的母亲要遭受手术的痛苦，这位上司内心十分焦虑。了解真实情况后，于鑫适时地安慰了上司几句，并表示如果单位或者家里有什么事，自己随时等候吩咐。对于于鑫的关心，上司表示了感谢。一段时间后，于鑫被提升为部门主管，工资也跟着涨了上去，而戴刚还在原来的岗位没有变动。

通过这个案例我们可以看到，不去琢磨"看不惯"，而应学着"看得懂"，才是赢得他人信任，并为自己创造好机会的聪明做法。很多时候，懂得察言观色，善于了解现象背后的本质，就能知道什么时候该说什么话，做什么事，从而让自己避免麻烦，收获助力或机遇。

潘静对很多事情和很多人都"看不惯"，上至领导的管理作风，下到同事们的行为举止，她都总是爱做出一副高人一等的样子，去评价别人，挑剔别人。她还觉得自己这样做是性格耿直、率真呢。然而，这样的性格和习惯导致她把公司里所有人都得罪了，所以即使她在这家公司兢兢业业干了五年，也做出了很多贡献，但总也得不到提拔。觉得自己怀才不遇的她，选择跳槽到了另一家公司。

来到新公司后，她爱表现自己"看不惯"的性格、习惯还是没改。她认为，这家公司里同事之间说话都"拐弯"，看着大家面带微笑、互相客气的样子，她暗自在心里嘲讽他们"虚伪"。刚来公司时，老板为了表达对她的认可，让她担任了一个小组的主管。作为主管，她对工作真的是尽心尽力，但在办公室里，却时常听到她训斥下属的声音。很快，无论是下属还是上司，都对潘静颇有微词。

潘静来公司的第二年，终于领教了某个"刺头"的厉害。那是在一次新品发布会上，下属们经过一个多月的多方奔波后，终于使发布会顺利召开了。没想到，在开会的过程中，音响出了不小问题。好不容易等发布会结束了，大家还来不及休息，潘静在现场就开始数落人了。

正当大家都被批评得垂头丧气时，有一个小伙子偏不服气，当着潘静的面反驳道："您只知道在旁边训斥大家，您知道我们这一个多月有多辛苦吗？要批评人也要等大家休息完了再批吧？"这话引起大家的共鸣，场面一时有些混乱。

老板很快也知道了这件事，于是找来潘静对她说："我知道你这两年来为公司尽心尽力，你的努力我看在眼里，也很赞赏。但你最大的不足就是说话爱直来直去，喜欢挑剔和批评，容易对这也看不惯那也看不惯。这些都对你的发展很不利。我这番话，希望你回去能好好琢磨琢磨。"老板这短短的几句话，令潘静回味了很久。

和大自然一样，职场其实也是一个适者生存的地方。很多时候，只有让自己别和"看不惯"较劲，多和"看得懂"相伴，才能更容易得到别人的认同，从而获得越来越多的助力。如果总把自己当作宇宙的中心，让别人都绕着自己转，让所有现象都让自己"看得惯"，那只有逃离地球，到别的星球上去实现这一"伟大梦想"了。

　　总之，"看不惯"会让我们劳心伤神，产生不必要的烦躁和怨气；"看得懂"则会让我们豁然开朗，并有助于我们在职场里生存和发展得更好。总是"看不惯"，容易让我们全身都充满了负能量；总能"看得懂"，我们就能让自己成为一个正能量满满的人。所有人都喜欢和充满正能量的人在一起。所以，想获得更多人的支持和帮助，你一定要让自己成为一个"看得懂"的人，做一个充满正能量的人。

第 五 章

社会协作：
互联网时代，人脉更需要时间培养

01
改变世界的乔布斯，也离不开团队的支持

在当今全球 IT 领域里，最成功又最受世人瞩目的，莫过于美国苹果公司。作为 2017 年世界上市值最高的公司，苹果公司成功的原因有很多，但有一条是不容忽略的，那就是苹果公司拥有一个精诚合作的团队，团队里的每个成员都能主动贡献自己的聪明才智和力量。

苹果公司成立于 1997 年，没想到短短二十年，就成为世界上市值最高的公司，连微软、谷歌、IBM 等巨头都不如它。想当年，苹果公司还只是一只小蚂蚁，但在面对大象般强大的竞争对手 IBM 公司时，当年只有 28 岁的苹果总裁斯蒂夫·乔布斯，没有丝毫胆怯，而是信心满满地带领着公司里一帮充满活力、默契合作的伙伴们研发新产品，在竞争激烈的市场上攻城略地。

在苹果公司，乔布斯是最优秀的领导和教练，他懂得与年轻的同事们合作，让自己既成为这个团队的普通一员，又担当团队的主心骨。他一边开发产品，一边悉心栽培这群热情似火的年轻人，使得整个苹果团队不断地爆发出巨大的能量。

包括乔布斯在内的所有苹果公司的成员，都是因为志同道合才走到一起

的，他们每个人都懂得"要实现个人理想，就必须先从融入团队开始"的道理。于是，他们协同工作、共同努力，将苹果这个品牌做到极致，每个人也都由此成为精英团队里的精英个体。这就是团队合作的最高境界。

苹果公司发展得越来越好，当年的代表人物乔布斯也被热爱他的人捧上"神坛"。即使乔布斯已经逝世，仍然有无数人把他当成"神"。然而，实事求是地说，乔布斯和苹果公司其实是相互成全。当年能有苹果公司，以及苹果公司能够发展到今天这般地位，都离不开乔布斯；但乔布斯能被誉为"改变世界"的人，也离不开苹果公司这个团队的鼎力支持。

这启示我们，无论你想在什么样的领域成就事业，无论你个人能力有多么强大，你都需要有一个出色的团队来帮助你，给予你方方面面的支持。那么，怎样才能迅速融入团队，如何才能与同事紧密合作呢？

（1）主动交流。积极的交流是与同事紧密合作的开始。你要学会将自己的想法及时说出来，同时让别人很容易听懂；你也要学会多听一听别人的看法与意见，因为这样会让你受益良多。

（2）保持正能量。即使在工作中遇到了麻烦，也不要悲观消极，一蹶不振。当你充满正能量的时候，其实也会给整个团队带来正能量。因为正能量可以潜移默化地影响身边的每一个同事，有效地激发周围每个人的乐观情绪、积极心态、工作热忱。

（3）低调做人。即使你在各方面都比同事们优秀，即使你有时候凭借着个人能力就能独自完成一项任务，那也不要表现得傲气十足。没有人喜欢与骄傲自大的人合作，但所有人都喜欢有真才实学、能干又为人低调的人合作。

（4）虚心接受批评。如果你犯了错误，一定要虚心接受同事的批评。很难想象一个听到别人批评就暴跳如雷的人，能够团结周围的同事一起实现团队的目标。

总之，想要获得团队的支持，就一定要迅速融入团队之中，站在整个团队的角度，去培养自己的团队意识，树立主动合作的精神，坚定对团队负责的信念。当你做到这些时，也必然会影响到团队中的其他成员，激发大家努力合作的意愿，从而更高效地实现共同的目标，为团队创造出最大的效益，同时也能实现个人目标。

02
团队的力量能助你飞得更高更远

　　个体的力量再强大也是有限的，而团队的力量只要调配得当，就有无穷潜力。每个个体自身都会有一些缺点、不足，但是团结在一起后，就能成为一个强有力的团队。只要你善于管理团队，借力于团队，就一定能收获 1 + 1 > 2 的意外惊喜。

　　美国迪士尼公司是一个名副其实的娱乐王国，这片"国土"上分布着不同的行业，这其中包括游乐园、电影、玩具、书籍等。我们主要聊一聊迪士尼的动画公司。

　　与其他公司很不一样的是，迪士尼动画公司是一座创意工业基地。这里融合了从导演到摄影、绘画、剪辑等工种不同却又相互联系的团队成员，所以加强团结与沟通、顺利实现工作目标就显得非常重要了。

　　通常，一部优秀的动画片是这样诞生的：首先，一个好创意被公司领导层讨论通过后，董事会的副主席和经理就会召集动画片制作方来开会。在这个会议上，大家把公司各个部门的意见汇总起来一起讨论，从而确定最佳方案。

　　方案确定后，马上开始召集另一些人员开会。这次的会议由导演、艺术指导、幕后指挥等一线工作人员参加。会议的目的是，具体讨论动画片的制作与构想，会议要一直开到达成一致意见为止。

在这个过程中，领导们不会摆出高高在上的姿态，员工们也不会为了迎合领导而隐藏自己的真实想法，每个人都会畅所欲言，真正做到集思广益。因为他们明白，自己是团队里的一员，需要团结一心地向着一个目标共同努力。

在迪士尼公司，没有哪个人或者哪个部门可以对一部动画影片宣称拥有所有权，因为仅仅依靠一个独立的部门去做是肯定完成不了的。在制作过程中，虽然大家不是同一个部门的，但其实已经在合作过程中建立起了相互支持和帮助的协同工作方式。

另外，除了才能和特长，制片人还会根据每个工作人员的不同性格特点来组建一个团队，因为性格互补也有利于团队的合作。其实，迪士尼公司出产的动画片以及很多产品，都是团队成员团结合作的成果，他们用优质的作品，给全世界人民带来了无穷欢乐。

在当代社会里，企业要想在竞争激烈的市场中占据一定的优势地位，拥有良好的竞争力，就必须精心打造出一支优秀而团结的队伍。甚至可以这样说，一支优秀而团结的队伍能够成就一家企业的辉煌，而一个没有向心力的团队必将断送一家企业的前程。

在一个团队里，同事之间应该取长补短、团结协作，从而形成巨大合力，使整个团队以强大的动力向着公司的战略目标前进，实现个人与企业的共同发展。

在非洲大草原上，如果你看到羚羊在奔逃，那一定是狮子来了；如果你看到狮子在奔逃，那一定是大象群发怒了；如果你见到大象在逃命，那一定是蚂蚁群来了！

单只蚂蚁虽然非常渺小，但是当它们团结起来作为一个集体的时候，它们的力量能让大象都害怕。人类社会与动物世界在某些地方很像，一个优秀的团队可以发挥出惊人的战斗力，创造出史无前例的伟大成果。

美国波士顿的一个团体曾邀请"圆舞曲之王"约翰·施特劳斯来波士顿指挥一支由两万人共同演出的音乐会。一个指挥家一次指挥几百人的乐队，就已经是一件很不容易的事了，何况是两万人！很多人都觉得施特劳斯不可能做得到。

到了演出当天，音乐厅里座无虚席，人们既想欣赏优美的表演，又想看看施特劳斯到底是怎样指挥如此庞大的乐团。

演出开始后，人们找到了问题的答案。原来，施特劳斯预先培训好了100名助理指挥，他们每个人负责指挥200人，这样就相当于100个乐队在同时演奏相同的曲目。演出的整个过程，其实都不需要施特劳斯上阵指挥了，因为这100个助理指挥领着2万人开始音乐表演就可以了。当然，施特劳斯还是正常指挥，那些参与演出的人看不看他指挥，都问题不大。结果，这20101人的团队配合得就像一个人似的，最后表演非常成功。

当今社会，单枪匹马打天下已经不行了，团结协作共同发展的时代已然来临。切记，团队的力量能助你更容易达到你的目标。不要说你自己有多么强大的本领，不需要他人的配合，也不要说别人多么骄傲，不乐于与你合作。你要做的，是转变心态，让自己融入团队，融入集体，和别人紧密团结起来，优势互补，共同解决实现目标过程中遇到的各种问题。只有这样，你才能走得更远，飞得更高，更快到达你最想要去的理想之地。

03

为取得更大的成功，你需要合作

在当下这个时代，社会分工越来越细，如果一个人不懂得与他人合作，根本就很难生存下去，更不要说想取得什么成就了。事实上，从人类诞生伊始，合作就是人类离不开的生存方式。除非你到深山老林或者无人荒岛隐居起来，否则你肯定离不开合作。

"三个臭皮匠，顶个诸葛亮。""一根筷子轻轻被折断，十根筷子牢牢抱成团。"说的都是合作的力量。与动物相比，集思广益、精诚合作，一直是人类最了不起的能耐。合作是向他人借力的最常见方式，当然，合作的形式和合作的效率会因为合作对象的不一样而完全不一样。但无论是谁，只要想在这个社会里更好地生存下去，想要获得更好的发展，都需要与他人合作。

青年演员小明在表演上很有天赋，演技很好，再加上他长相英俊，所以入行不久的他已经开始在娱乐圈里崭露头角。但他没有什么背景，也没有人愿意花钱"捧"他，所以他需要想办法适度地让媒体包装和宣传自己，打开知名度。

这些工作是公关公司最拿手的事，但业内顶级的公关公司不太在意他，因为这些公司的合作对象里，"天王天后""乐坛巨星"一抓一大把。他自己也不可能成立一家这样的公司，因为他本来就没什么钱。

正当他为此事发愁的时候，遇到了小莉。小莉有几家公司，其中一家正是公关公司，服务的对象也正好是娱乐圈的艺人。不过，她的公关公司成立的时间还不长，连四五线明星都看不上她的公司，更不要说一二线明星了。机缘巧合之下，两人遇见了，然后各自谈了自己的想法和计划。于是两人一拍即合，决定进行合作。

小莉为小明提供必要的经费，让他有更多的机会接拍优秀导演的影视剧。英俊的相貌、出色的演技，配上很对观众口味的剧本，让小明很快红了起来。小莉便趁势在各种媒体上宣传小明，使得小明迅速红遍了大江南北。小明越来越成功，小莉的投入越来越少，回报却越来越多了。同时，也有越来越多的艺人开始找小莉的公司合作了。

通过小明和小莉的相互需要与合作，我们可以看到这样一种局面：小明需要求助于小莉，获得接拍好剧的机会，以及支付媒体宣传的高额费用；小莉为了在她的业务中吸引名人来合作，需要捧红小明来给自己的公司打广告，证明自己的实力。结果他们互相都满足了对方的需要，合作很成功，实现了双赢。

如果用利益的获得与损失为标准来区分人与人之间的合作，通常会产生六种结局：（1）既利己又利人，这是双赢的结局；（2）利己不损人，这是很多人做事的出发点；（3）损人利己，这是零和的结局；（4）利人不利己，能这样做的人少得如凤毛麟角，即使有人愿意做也做不长久，因为这是对圣人的要求；（5）不利己不损人，做这种没有任何意义的事的人纯属无聊，打发时间，消耗生命；（6）损己不利人，做这种事的人很可能是精神病人。

在人类历史上，人们相互之间的交往与合作，一直受到零和游戏原理的影响。零和游戏的原理是对"损人利己"的最高度总结。零和游戏是指，在一项游戏里，参与游戏者有输有赢，一方所赢正是另一方所输，游戏的总成绩永远为零。胜利者的光荣往往伴随着失败者的屈辱。利益完全向一方倾斜，而抛弃另一方。这样的合作是不可能长久的，因为谁也不愿意长久地以损害自己的利益为代价来继续这种合作。

进入 20 世纪以后，人类在经历了两次世界大战、全球一体化以及日益严重的环境污染之后，"零和"正逐渐被"双赢"合作所取代。人们开始认识到，利己不一定要建立在损人的基础上。而在各种经济合作中，只有一方获利的局面是不可能维持长久的。所以，人们总是希望通过有效的合作，达到双赢的局面。但要取得双赢结局，要求合作的各方都要有真诚合作的精神和勇气，在合作中不要耍小聪明，不要总想占对方的便宜，要遵守游戏规则，否则双赢的局面就不可能出现，最终吃亏的还是合作者自己。

想要追求大成功，实现大目标，就一定要学会进行双赢的合作。退一万步来说，即使不能双赢，也一定要以"利己不损人"为合作底线。我们绝对不要去做"损人不利己"的事。当然，最好是让每一次合作都取得"利己又利人"的双赢结局。切记，在现在这个社会，如果还不能在合作中努力实现双赢的结局，那么将终身与成功无缘。

04
学会借力，为自己收获更大的利益

美国"钢铁大王"安德鲁·卡内基的墓志铭上写着这样的话："长眠于此地的人懂得在他发展事业的过程中起用比他自己更优秀的人。"从这句话可以看出，安德鲁·卡内基是一个很善于借助他人之力，帮自己成就大业的人。这启示我们，想成就大业，就必须懂得向比自己更优秀的人借力，让比自己更优秀的人帮助自己梦想成真。

看待一个人的成功，不能光看他的成就，还应该多看看这个成就背后有什么样的推动力，看清给一个人带来成功的主导因素是什么。

个人英雄主义在如今这个时代已经成不了大事。如果你还想着"单枪匹马闯天下"，那么你会"死"得很惨；如果你还以为靠单打独斗就能取得你想要的成功，那么你一开始就注定会失败。只要你稍微有点社会经验就能明白，任何一个人的成功，都离不开别人的力量和帮助。你如果想成功，就一定要懂得借势。

古尔德是一百多年前美国的一位著名的富豪，他的成功就是因为善于借势。有段时间，古尔德花巨资收购了除政府国库外市场上所有的黄金，然后开始控制金价。不过，这样做其实风险也是巨大的。因为一旦国库储藏的黄金大量抛售的话，黄金价格一定会大受影响，然后大幅度下降，那么古尔德的投资将血本无归。

古尔德当然要想方设法防止这种情况的发生。他打听到美国总统格兰特的一个妹妹下嫁给了柯尔平上校。于是，他决定想办法把柯尔平变成自己的合伙人。

柯尔平是一名职业军人，自然没有资金用来投资。但古尔德并不缺钱，他是准备借柯尔平这座"桥"，让自己和格兰特总统搭上关系。于是他对柯尔平说："上校先生，您用不着拿出一分钱来投资，只要表示一个愿望就可以。我很敬佩上校的为人与才干，很想与您交个朋友，这点小意思就算是我的一点诚意吧。"

看到有利可图的柯尔平很快便同意签订合作协议。协议是这样说的：柯尔平在古尔德那里认购 200 万美元的黄金股，只要黄金价格上涨，柯尔平每周都可以领到这些黄金股的涨价费；若黄金下跌，按惯例，也要进行相应的赔偿。

古尔德将柯尔平的利益和自己的利益捆绑在了一起，不用他授意，柯尔平就知道，只有黄金价格不断上涨，自己才会有钱赚，而要防止黄金价格下跌，最应该提防的就是政府抛售黄金。所以，他让妻子劝她的总统哥哥不要抛售政府国库的黄金。最终，古尔德和柯尔平的目的达到了，柯尔平赚了不少钱，古尔德赚得更多。

市场上的黄金不断减少，金价则不断上涨。这让美国老百姓逐渐把不满发泄到了政府身上，媒体更是火上浇油。于是，声讨政府的声音越来越高。迫于压力，格兰特决定抛售一部分国库里黄金。柯尔平等人劝说无效后，马上把这一紧急情况告诉了古尔德，同时又力争让格兰特暂缓一天宣布抛售黄金的消息。就在这一天内，古尔德抛售了自己持有的所有黄金，净赚 2000万美元。而古尔德生活的年代，一名普通工人的年收入才 200 美元左右。

即使是古尔德这么有钱的人，想要赚到巨额财富，也必须和别人合作，借助别人的力量。学会借力借势，首先要明白自己擅长什么，将时间投入自己擅长的事情上，以争取最大的利益，其他不擅长的最好能够借助别人的力量来达到目的。为此，你需要做的是以下几方面。

（1）能够像老板一样思考。

老板的思考方式是，因为自己是公司的所有者，为了让公司业绩持续增长并保证公司未来的稳定，需要做出清晰的决策。老板会认识到，为了将公司发展壮大，必须将时间投入到"最肥沃的土地"里面去。什么是"最肥沃的土地"？是能给自己带来巨大利益的事情和人。其实，每个人都是自己的老板，因此，我们也需要将自己的时间投入到"最肥沃的土地"里面去。

（2）学会授权并适时扩大授权范围。

要想成就大事，你要做到的事情会有很多，但你的时间和精力非常有限，所以你必须要学会授权，以及逐渐扩大授权范围。所谓授权，就是借助别人的力量，让擅长做这件事情的人去高效完成任务。

（3）规划好自己的时间。

你必须每天给自己规定好投入那些必要但不产生效益的工作上的时间，这样你就能督促自己在规定的时间内完成必须完成的工作，然后将其他的时间投入到能够获得巨大回报的工作上去。

（4）聘用兼职助理。

如果你每天需要花费三个小时处理一些必要但不会产生效益的工作，很显然，这样的时间投入并不是对工作时间最有效的配置。在这种情况下，你很有必要为自己这三小时的工作聘用一位兼职助理，你只需每周付给这个人15个小时的工资即可。

（5）借助团队的力量。

如果你有自己合作的小团队，你就既可以借助公司提供的帮助，也可以借助团队成员之间的帮助，如此就能发挥出 1 + 1 > 2 的团队优势，将自己投入的时间合理化、最优化，进而收益最大化。

05

借力人脉，给自己一个出人头地的机会

有位财富精英认为，靠个人能力积累起来的财富会很有限，靠资本赚来的财富会非常可观，靠整合资源和经营人脉获得的财富却会多得惊人。如今，越来越多的人认同这样一句话：人脉也是竞争力。事实也是如此。人脉越广，成功的机会就越多，自己做起事来也会左右逢源。

也许在有些人眼里，只有保险、业务员、记者等部分行业的从业人员，才需要重视人脉的经营，毕竟人脉是他们最大的资产。但事实上，无论我们身处哪个行业，人脉都是我们成功的一个关键因素。

所谓人脉，通常指对我们最有帮助的那些贵人。其实，古往今来的成功者几乎都有贵人相助。我们绝不否认个人努力很重要，但若有贵人相助，达成目标所花的时间，确实会少很多很多。我们要注意的是，每个人的时间都是有限的。

不过，对于每一个想要追求成功的人来说，整天幻想着碰到位高权重的贵人来帮助自己，然后一步登天，这并不现实。我们比较容易抓住的，其实是身边的贵人。

有位年轻人在一家旅馆当柜台服务生。某天晚上，他正在值夜班，外面

下起了滂沱大雨。快到午夜时，突然进来了一对衣着朴素的老夫妇，说是想要在旅馆里住一晚。他一脸歉意地对这对夫妇说："真是对不起！今天的房间已经被早上来开会的团体订满了。外面正下着大雨，我也不忍心让二老再置身雨中，若不嫌弃，你们可以住我的房间。它虽不豪华，但很干净。我可以在值班室里休息。"夜已深，老两口也实在太累了，就接受了年轻人的善意帮助。

第二天，当老先生去结账时，年轻人却说："昨天您住的房间并不是旅馆的客房，所以不能收您的钱。昨晚您与夫人睡得还好吧？"老先生点了点头，也没有坚持要继续付房费。他微笑着给年轻人留下了自己的联系方式。临走时，老先生称赞年轻人说："小伙子，你很棒！也许改天我可以帮你盖一栋旅馆。"

时间就这样一天天过去了。就在年轻人已经忘记了这件事时，他收到了一封挂号信，信上说邀请他到纽约一游。信中还附了一张邀请函和往返纽约的机票。他虽然很不解，但还是飞去了纽约。

在抵达纽约的第二天，他见到了邀请者。原来是那位住店的老先生。此时，这位当年的顾客，正站在一栋华丽的新大楼前面。看到年轻人来了，老先生便说道："这是我为你盖的旅馆，希望你来为我经营，可以吗？"

年轻人又惊又喜，过了好一会儿，他才问道："您为什么选择我呢？您到底是谁？"

老先生回答道："我叫威廉·阿斯特，我说过，要帮你盖一栋旅馆的。"

这家旅馆就是纽约著名的华尔道夫饭店，是尊贵地位的象征，也是各国高层政要造访纽约下榻的首选。这位年轻人名叫乔治·波特，是华尔道夫饭店的首任总经理。

是什么改变了这位年轻服务生的命运？无疑是他遇到的贵人。可是，如果那天晚上是另外一位服务生在值班，会有一样的结果吗？很可能没有！其实，贵人无处不在，人间充满了因缘，每一个因缘都可能将自己推向另一个高峰。所以，不要轻慢任何人，也不要疏忽任何一个可以帮助他人的机会。归根到底，我们才是自己最重要的贵人。

那么，怎样才能建立自己有效的人脉，获取一个成功的机会呢？

（1）勇于和陌生人说话。

去认识一个新朋友是挑战，也是机遇。才能相似的两个人成就却完全不同，原因很可能只是因为"脸皮"的厚薄不同。太爱面子的人很难成功。想要经营好你的人脉，借力他人，就一定要敢于和陌生人说话。

（2）在朋友圈里做一个热情的人。

要让自己充满活力，因为人们都喜欢充满活力的人，而不是无精打采的人。善于发现别人的优点并加以赞美，人人都希望被赞美，被重视。赞美他人，对方就会感觉你很重视他，然后他也会喜欢和你交朋友。

（3）要多认识不同领域的人。

认识的人越多，你的视野会越开阔；人脉越广，你能借到的力就越多。当别人认可你之后，你可以请他介绍他的好友与你认识。扩大你人脉的最有效方法就是把你的人脉圈与别人的人脉圈相连。分享人脉，是经营人脉的最好方式。有成功学家说，你分享的越多，得到的就越多。无论在什么方面，其实都是这个道理。

06
借力"共生效应"：选对"圈子"，加速"共生"

　　"圈子"其实就我们现在常说的"朋友圈"。在前面我们已经谈到借力人脉的重要性，这里我们再从另一方面谈一谈朋友圈的重要性以及怎么经营和借力朋友圈。以下我们把朋友圈简称为"圈子"。

　　圈子是人类社交生活里一个很重要的组成部分。"物以类聚，人以群分。"每个圈子里的人在脾气、性格、思想、志趣、社会地位等因素上通常都会比较接近。

　　想了解一个人的品行，看看其身边的朋友就知道了。因为每一个群体里的成员随着频繁接触，都会受到群体里其他成员的影响，这表现在思想、行为、兴趣等方面。这种互相之间的影响，会促使他们朝着同一个大方向发展。

　　有一个概念叫"共生效应"。这个概念首先形容的是自然界里的一种现象：当一株植物单独生长时，会显得矮小、单调，而与众多同类植物一起生长时，则根深叶茂，生机盎然。有生物学家把植物界里的这种相互影响、相互促进的现象，称为"共生效应"。

　　人类群体里也存在着"共生效应"。在交朋友方面，"共生效应"更为突出。例如，我国历史上很多著名的"圈子"，如以孔融为首的"建安七子"，以阮籍为首的"竹林七贤"，以西晋文学家潘岳为首的"二十四友"……现在我们常见的企业家沙龙、QQ群等，都是一种"共生效应"的体现。

其实，所谓的"共生效应"，也就是我们通常所说的"圈子"。同一个圈子的人，往往比圈外的人更容易建立好感，掌握更多的资源，办事更加容易。同时，也更容易受到圈子里其他人的影响而拥有共同的特质。这是圈子带给人们的便利，也是成功人士用心经营圈子的原因。

有心理学家认为，当有利因素聚合的时候，总是会产生"化学效应"，使群体向好的趋势发展。同样道理，当不利因素聚合在一起的时候，它们发生的化学作用就很可能会导致事物向着坏的趋势发展。这就是"近朱者赤，近墨者黑"的道理。

例如，在犯罪集团里，最初并非所有人都是十恶不赦的坏分子。但是，在"共生效应"作用下，很多犯罪集团里的成员都发展了他们自私自利、好吃懒做、荒淫无耻、鼠窃狗盗乃至残暴杀人的罪恶思想与行为。最后，他们终于被圈子同化，走上了犯罪的不归路。

"共生效应"对一个人人生的影响非常大，所以我们一定要学会精选自己的圈子，甄别我们身边的朋友，多与能给予我们正能量的人来往，远离那些给自己带来消极影响甚至有可能把我们拉进万劫不复之地的人。具体如何去做呢？

（1）到人才集中的地方去，让你的优势能更好地发挥。

英国卡迪文实验室从1901年至1982年先后出了25位诺贝尔奖获得者。这便是"共生效应"最好的典型。卡迪文实验室的例子给我们的启示是：在一个人才荟萃的群体里，人才间的互相交流、信息传递、互相影响，往往能极大地促进群体素质的提高。

如果你认为自己有过人的才华，希望自己获得巨大的成就，就应该努力去找到这样的圈子，融入能让你的潜能被激发、才华被重视的环境，在圈子里找到适合你的位置，充分发挥你的优势。

（2）甄别圈子，结交益友，远离损友。

《论语·季氏》中说过："益者三友，损者三友。友直，友谅，友多闻，益矣；友便辟，友善柔，友便佞，损矣。"这为益友和损友各提出了三条标准。即一要交正直之友；二要交诚信之友；三要交广博之友。同时，远离喜欢谄媚逢迎、溜须拍马的人，远离"两面派"型的人，远离言过其实、夸夸其谈的人。此外，还要提防那种好吃懒做、总想着不劳而获的人，这类人很危险，他们的负能量会让你也变得消极，在你努力前行的路上拖你的后腿。

总之，经营圈子是实现人生目标的必修课。当然，经营自己现有的圈子也不要花费太多的时间和精力，毕竟世界很大，圈子很多，别只顾着沉溺于自己的小圈子，而忽略了圈外的生活。

你的圈子就像一个圆，圈子越小，接触外面世界的面积就越小，就越不利于自身的发展。当我们投入全新的朋友圈时，就能从这些新朋友身上得到更多的启发，收获更多的认知。因此，多进入一个圈子就等于多为自己开辟了一条路，会让我们受益良多。但前提是，这个圈子是个好圈子。

最后，愿你在一个能帮助你不断成长的圈子里，和圈内人在正确的事情上"共生"；愿你在追求成功的路上，能不断得到你圈子里成员们的强力支持。

07

借实力强大者的光辉照亮自己

我们正身处一个竞争越来越激烈的时代。在处处充满着残酷竞争的社会里，想实现心中理想，是一件很不容易的事。怎样才能让自己更快地脱颖而出呢？既要充分发挥自己的优势和长处，在正确的道路上坚持不懈地向前走，又要懂得借助他人的力量。

在借助别人的力量方面，除了要懂得借助团队的力量、借助人脉的力量、借助贵人的力量，以及懂得与他人进行双赢合作外，还要懂得借助强者的光辉。

老朴在韩国一家建筑公司上班。这家建筑公司专门接挖隧道、建大坝等方面的业务。随着韩国经济的迅速发展，越来越多的房地产项目开始动工，甚至挖隧道、建大坝、修地铁、建桥梁等大型工程也随处可见。所以，各大型建筑公司的生意都十分火爆，各个地方的工程建设项目开展得如火如荼。在如此大好形势下，老朴也成立了一家建筑公司。

建筑公司成立后，老朴便满怀希望地开始四处奔波，积极联系业务项目。按照他最初的市场分析和公司规划，这个行业里的单子应该是多得接都接不完才对。但没想到，现实并不如自己想象的那么美好。他努力了好些天，还没能谈成一个项目。

他感到很困惑，在建筑行业发展得热火朝天的当下，为什么自己的公司却揽不到业务呢？为什么别的建筑公司却有忙不过来的业务呢？经过自己的再三调查，他最后终于明白了其中的原因。

原来，自己的建筑公司只是一家小公司，相对于其他大型建筑公司来说，自己的公司实在毫不起眼。建设项目往往都是百年大计，因此人们从心理上会对大的建筑公司更有信任感，所以宁愿等待，也不愿把项目交给那些不知名的小建筑公司。

发现了问题的关键后，老朴马上开始寻找解决问题的方法。他已经明白，如果自己的建筑公司不跻身于一流的大公司行列，公司不但现在揽不到业务，以后的发展更有可能陷入困境。要怎样才能让自己的小公司成为一流的公司呢？他陷入了沉思之中。几天后他终于找到了解决方案，然后马上付诸行动。

没过多久，韩国各大报社都收到了老朴支付的大额广告费。原来老朴要在报纸杂志上登广告。而他的广告要求非常简单：韩国其他六家建筑大公司刊登广告时，只需要在落款处也加上老朴的建筑公司即可。而老朴自己的公司在刊登广告时，也会无条件地列出其他六家大型建筑公司的名字。

几家报社都同意了。然而，广告登出后，老朴每有社交活动，都会遭到同行们的明嘲暗讽，但他毫不介意。现在人们在介绍他时，都常常会戏谑地说"这就是七大建筑公司之一的××公司的老板朴先生"之类的话。但他都一概大方笑纳。

尽管知情人总是嘲讽他，但老朴的计划最终成功了。不知情的人渐渐慕名而来，老朴公司的业务不断增多，直到后来公司的规模越来越大。而老朴对质量也抓得很严。随着业务量逐渐增加，他的公司真的成了名副其实的大建筑公司，甚至把原来的一些知名公司都抛在了后面。

在这个案例里，老朴巧妙地借助实力强大者的光辉来照亮自己，他通过和实力强大者并排而立，在市场上凸显出了自己的地位。正是这样的措施，让不知内情的人错以为他的公司也是实力强大者中的一员。客户们变得很看重他，放心地把业务交给他去做。从他后来的成功来看，这真是一种借力成事的大智慧。

老朴的成功故事启示我们，想要成就大事，就一定要学会借助实力强大者的光辉。例如，在一家企业里，作为员工的你如果有一腔才华，却由于入职时间不长，没能让老板和领导发现，这时候你就应该学会和那些成功的同事接近，让老板和领导更容易发现你，更快地了解你，进而交付一些工作任务让你去完成。当你每次都能够不辱使命，圆满完成任务后，老板和领导自然会开始对你刮目相看。于是，你的前途就会变得更加光明了。

总之，要想让自己的成功步伐加快，就一定要善于借助强者的光辉，让自己更快、更容易地赢得表现自己能力的机会，进而收获自己想要的成功。

第 六 章

深度学习：
不断成长，才是一个人成功的模样

01
没有危机意识，就会身陷危机

很多人也许都看过这样一个寓言。每天，当太阳升起来的时候，非洲大草原上的动物们便开始了奔跑。狮子妈妈会对奔跑中的孩子说："孩子，你必须要跑得再快一点，追上前面那头跑得最慢的羚羊，要不然你就会饿死！"羚羊妈妈也会对自己奔跑中的孩子们说："孩子们，你们必须跑得再快一点，更快一点！如果你被跑得最快的狮子追上，命就没了！"

在大自然里，如果动物没有足够的危机意识，随时都会被吃掉；在人类社会，如果一个人没有危机意识，就会逐渐被淘汰出局。动物如果没有危机意识，就是对自己的生命不负责任；人类如果没有危机意识，就是对自己的前途不负责任。

孟子说过："生于忧患，死于安乐。"这句话告诉我们，一定要有危机意识。一个国家如果没有危机意识，这个国家很可能会动荡；一家企业如果没有危机意识，这家企业很可能会垮掉；一个人如果没有危机意识，很容易身陷危机，甚至遭遇不测。

未来谁也不好预测，好运不可能时时相伴。所以我们要居安思危，提早在思想和行动上做出准备，以应对突如其来的变化。如果没有准备，那么不要说是应变了，就连单纯心理上的冲击，就足以让很多人不知所措了。

拥有危机意识，也许不能将问题一下子解决，但却可以将负面影响和消极危害降到最低，让自己镇定下来，冷静地找到解决问题的方法，用最少的时间给自己打开一条生路。

在伊索寓言里有这样一个故事。有一天，一只野猪正在树干上磨着它的獠牙。一只路过的狐狸看见了，便问野猪："现在既没有猎人又没有猎狗，你为什么不躺下来好好休息休息呢？"野猪说："等到猎人和猎狗出现的时候再磨獠牙，就为时已晚了。"

这寓言启示我们，要学会居安思危，未雨绸缪。以职场为例，很多人从入职那天起，就希望自己能在企业里做出一番成就，成为企业信赖的员工，绝不让企业有解雇自己的机会。但是现实随时都会发生变化，仅怀有美好的愿望是远远不够的。怎么办呢？时常保有一份危机感，时刻提醒自己要居安思危。

每个国家的职场竞争都是激烈的，如果不能让自己不断成长、不断胜任自己的工作，就很可能被淘汰。所以，职场中人如果缺乏危机意识，整日安于现状，以为有了一个"饭碗"就能高枕无忧，在职场里缺乏"如临深渊，如履薄冰"的心态，不能与时俱进地去转换工作思路、方法，缺乏接受新生事物的激情，就很难在职场竞争中保住自己的"饭碗"。

在某企业的某部门里，看到又来了两名大学应届毕业生，已经年满40岁却只有中学文化的老申隐隐感觉自己在办公室的位置已经受到了威胁。自己现在的优势只剩下在这里工作很多年的经验，并且对工作兢兢业业，对公司忠心耿耿。但跟着老板干了这么多年，他也很懂老板的用人原则：德才兼备，学习力强。

为了不被淘汰出局，老申对工作更认真、更投入了，生怕会犯什么错。一次偶然的机会，老板安排的一份紧急报告因为负责打字录入的员工打字速度太慢，结果影响了上报时间。这让老板对着这个员工骂了半天。

这件事深深触动了老申，他觉得，要想保住这份工作，单靠勤奋和忠诚是远远不够的，还必须让自己成为对公司很多方面都有用的人。于是，他不但在自己本职工作上不断提升自己，还通过努力，让自己成了一专多能的人。一年之后，单位精减人员，出乎大家意料的是：一名具有年龄、学历优势的员工被淘汰出了局，只有中学学历的老申的位置却稳如泰山。

有不少人把职场比作一个看不见硝烟的战场，其残酷性可想而知。在这个"战场"里，如果你无法胜任工作，不能给公司提供最起码的价值，公司很快就聘来比你能干的人替代你的位置。在这样一个竞争如此激烈的环境下，老板也别无选择，如果他没能经营好自己的公司，公司也会被市场淘汰。因此，身在职场上的人都必须时刻保持一种危机感。

存有危机意识，有利于我们不断找到自己和别人的差距，找到提升的空间、方向，然后去弥补和充实自己，同时保持工作之初的热忱与激情，如此我们才不会身陷危机，更不会被替代。

02

逃离舒适区：拒绝原地踏步，不断超越自我

曾拍出《辛德勒名单》《大白鲨》《侏罗纪公园》等经典影片的奥斯卡最佳导演斯蒂文·斯皮尔伯格，尽管被《福布斯》杂志公布为世界娱乐圈中的富豪，他却丝毫没有停止过艺术创作的步伐，一直都在孜孜不倦地拍摄新片。为什么他不退休呢？因为他有着强烈的危机感，不希望自己和自己团队的竞争力退化。2018年3月，他又向全世界影迷奉献了一部口碑很好、票房也不错的新片《头号玩家》。

GE（美国通用电气公司）的前CEO杰克·韦尔奇说过："尽管每一位CEO都有不同的风格、不同的做事方法和手段，但大家的目标是一致的，那就是要赢！为了继续赢，你不能原地踏步，必须强迫自己努力向前！"他曾在GE内部施行过"数一数二"战略，鼓励内部开展良性竞争，让业绩出色、贡献明显的员工得到晋升。在这样的激励措施下，有贡献巨大的员工甚至一夜之间连升三级。

后来接班杰克·韦尔奇成为GE董事长兼CEO、于2018年1月1日起退休的杰夫·伊梅尔特，当时在杰克·韦尔奇手下负责经营GE医疗系统。曾经有一年，伊梅尔特的团队业绩非常不好。通过一段时间的考察后，韦尔

奇提醒他说："杰夫，我们都很喜欢你，也相信你很有能力，但如果明年你的业绩依然原地踏步，我们将不得不采取行动。"

杰夫·伊梅尔特向杰克·韦尔奇承诺："如果明年我的业绩依然不尽如人意，您不需要亲自来辞退我，我自己就会主动离开的！"

第二年，杰夫·伊梅尔特的业绩超出企业期待，大幅度提升，并且越来越突出。最终，GE也给予了伊梅尔特相应的回报。强烈的危机感，令伊梅尔特全力以赴地带领他的团队，努力工作，想方设法地行动，最终做出了超出老板和高层期待的业绩，从而避免了被淘汰的命运，并且日后成功接班杰克·韦尔奇，成为GE的董事长兼CEO。

华为总裁任正非也是一个居安思危、总是抱有危机意识的人。即使华为今天已经如此成功，任正非还是认为："这么多年来，我天天思考的都是失败，对成功视而不见，没有什么荣誉感、自豪感，只有危机感。不仅是我，所有人都应该意识到，也许我们只是存活了这么些年。大家要一起来想，怎样才能活下去，活得久一些。如果有一天，公司销售额下滑、利润下滑甚至面临破产，我们该怎么办？我们公司的太平时间太长了，需要不断鞭策自己追寻和实现更高的目标。"

海尔CEO张瑞敏同样是一个危机感很强的人，他曾说过："在市场上获得的荣誉，相当于是在沙滩上踩出的脚印，无论多么清晰，一涨潮，就什么都没有了。因此，我们应当永远战战兢兢，永远如履薄冰。"强烈的危机意识常常促使张瑞敏反复去抓管理、抓重点、抓提高，一旦发现了什么失误、漏洞，都马上认真地解决。张瑞敏经常告诫海尔全体员工："只有淡季的思想，没有淡季的市场。"

无论在自然界还是人类社会里，都没有永恒的稳定，只有绝对的变化。优胜劣汰的残酷法则一直在起作用，如果不能逃离舒适区，而是安于现状，就一定会被淘汰，哪怕是庞然大物，比如恐龙。

"汽车大王"亨利·福特认为自己的 T 型车能够永远畅销，于是只生产这一种车型，不去研发新的车型和提升各项性能。后来，这一故步自封的做法差点令福特公司破产。

前 IBM 总裁小沃森曾骄傲地宣称："未来电脑的主宰就是大型机。"结果，IBM 这个"蓝色巨人"差一点遭遇被拆分的命运。

还有柯达的"我们只生产胶卷和照相机"、阿迪达斯的"始终生产最专业的运动装备"……这些企业都由于没能逃离舒适区，而是选择保守和不适应变化，最终失去了行业老大的位置。市场上每一个机会，都要靠努力与智慧结合才能把握得住。无论是谁都无法高枕无忧地躺在过去的荣誉簿上睡大觉！

马来西亚前总理马哈蒂尔曾说过："马来西亚不会因为我的离开而停顿下来，因为没有人不可替代。"是的，能干也好，优秀也罢，若不想被淘汰出局，就绝不能躺在功劳簿上睡大觉，因为没有人不可替代。

无论你身处哪个行业，站在哪个位置，是打工者还是老板，是单干还是带着团队在奋战，你任何时候都要有忧患意识与危机感，不断让自己和自己的团队逃离"舒适区"，力争保住和超越现有的位置，不断鞭策自己和团队继续努力向上奋斗，不断提高自己和团队的竞争实力，以取得更大的成就。

03
要给肚子吃饭，更要给大脑吃饭

      生存在竞争激烈的社会里的我们，如果不想被时代淘汰，就一定要让自己适应这个社会的变化。怎样才能适应我们面临的各种变化呢？让自己不断学习，不断成长。美国戴尔公司董事会主席迈克尔·戴尔说过："如果说除了生命之外，我们还有一样东西不可放弃的话，那就是学习。"

      在我们周围，很多人都很注重吃饭，却不怎么注重学习。事实上，学习也是一种吃饭，甚至是我们每个人活着的时候最重要的一种吃饭。我们平时一日三餐吃的五谷杂粮，是给肚子吃饭，而学习则是在给我们的大脑吃饭。

      如果你意识不到学习其实是在给大脑吃饭，是比肚子饿了要吃饭更重要的生存需求的话，那么，无论你的职业生涯还是个人事业都会遭遇发展瓶颈，甚至被快速淘汰。在瞬息万变的当今社会，唯有不断学习，我们才能有不被淘汰的竞争力；唯有不断钻研新知识新技能，我们才能站稳脚跟。社会竞争规则就是强者胜，职场的用人标准是能者上，平者让，庸者下。即使你曾经风光无限，但如果停步不前，可能很快就被甩在后面，淘汰出局，落得个惨淡收场。

      正如我们每天必须吃饭，才能健康地生存下去一样，要想在职场中和事业上健康成长，顺利发展下去，我们的大脑也要吃饭！给大脑吃饭，最好也跟平时吃饭一样，形成规律，且常吃健康食品——多阅读对我们成长有帮助的书，心灵方面、职场技能方面等，都可以从书中汲取很多宝贵的营养。

学习就是在给大脑吃饭，你必须经常给自己的大脑提供营养，只有这样才能不断成长。学习并不是从学校毕业就结束，而是一个终身学习的过程。正如衣物、车子、房子这些东西会随着岁月的流逝而不断折旧一样，我们赖以生存和发展的知识、技能和观念，也会随着时代的发展而过时。有一位美国职业专家指出，现在职业半衰期越来越短，所有高薪者若不学习，再过 5 年就会变成低薪者。当 10 个人里只有 1 个人拥有电脑初级证书时，这个人的优势会很明显；当 10 个人里已有 9 个人拥有同一种证书时，那个人原来的优势便不复存在。

如果你停止学习，你将无法永远保持优势。例如在职场里，人才每天都在不断流动，因此那些思维活跃、能力超强的职场新人或者经验丰富的业内资深人士，会不断地涌进你所在的行业或公司，你每天都在与成千上万的人竞争。所以，不成长可以吗？成长靠什么？靠学习！

无论在人生的哪一个阶段，我们学习的脚步都不能稍有停歇。如果我们身处职场，就一定要把工作视为学习的殿堂。在工作进展顺利时，我们努力学习；当工作进展得不顺利时，当能力达不到工作岗位的要求时，我们更要加倍努力地学习。在竞争激烈、变化迅速的社会里，学习是能帮助我们闯出一片新天地的最大利器。

很多用人单位都很看重一名员工在工作过程中所体现出来的进取精神和技能提升。很多人在选择职业时，往往很看重薪水和工作环境，却很少有人把学习技术、经验摆在第一位。其实，尽可能多学一点对自己未来有帮助的经验和技能更重要。

如果一家公司能为员工提供培训的机会，那么这家公司是值得称赞的，因为培训是企业能给员工的最大福利。大多数企业都有自己的员工培训计划，培训投资作为企业人力资源开发的成本开支，而且企业培训的内容与工作紧密相连，因此，你应该尽可能地争取成为企业的培训对象。

除了努力争取成为企业培训的对象，你还要利用一切可能的机会，给自己的工作能力"进补"。当公司培训已不能满足你的需求时，你可以自掏腰包接受社会"再教育"。首选与工作密切相关的内容，但也可以考虑学习一些热门的技能或自己感兴趣的东西。这些培训可以被看作一种"补品"，用来增加你的分量，让你更具有竞争力。

学习如逆水行舟，不进则退。事业发展、个人前途其实也是如此。如果你不能不断成长，不断让自己拥有强大的与时俱进的核心竞争力，你就很难在激烈的职场竞争环境里脱颖而出。如果你想成为胜利者，早日实现自己的人生理想，请一定要坚持不断学习，不断成长。切记，你既要让肚子每顿饭都吃饱，更要让大脑吃饱。

04
抢学问就是现在去抢未来的财富

没有危机意识，就会身陷危机之中。有了危机意识，就会为了应对可能到来的危机，做好充足的准备。我们在前面已经说过了，最好的准备就是让自己不断成长。怎么样才能让自己不断成长？我们也已经知道，通过学习。在本节，我们还将介绍让自己成长最快的方法，那就是"抢学问"。

你稍加留意就会发现，在任何团队里，成长最快、进步最大的人，往往都是善于"抢学问"的人。这类人有一个显著的特点：对于新概念、新技能的吸收能力很强，所以能够很快将别人的学识和能力为己所用，让自己更强。

事实上，那些创造过辉煌成就的杰出人物，都曾经是非常善于"抢学问"的人。这些人在还没成功之前，就已经懂得通过"抢学问"来让自己快速成长，也带领自己的团队迅速成长，进而占得市场先机。这启示我们，"抢学问"就是抢未来。抢什么样的未来？抢占同行业里未来最大的财富。

在"抢学问"上，李嘉诚是最好的榜样。现年 90 岁高龄的李嘉诚，曾连续多年成为"香港首富"和"世界华人首富"。虽然他现在已经退休，但他依然被无数中国生意人奉为偶像，更是无数年轻人在追求成功路上学习的对象。

　　李嘉诚在年纪很小的时候就开始了事业上的奋斗。我们不妨看一则李嘉诚年轻时的真实故事，看看什么是"抢学问"就是抢未来。李嘉诚曾这样形容过青少年时代的自己："当人家在求学时，我则是在抢学问。"他认为，善于"抢学问"，就是在抢财富，抢未来。

　　14岁那年，为生计所迫，李嘉诚到茶楼打工。在茶楼，他每天要干15个小时以上的活儿。回家后，还要在油灯前苦读到深夜。由于学习太投入，他经常忘记了时间，以至于准备睡觉时，天色已亮，便直接去上班了。

　　李嘉诚身处的香港是一座国际化大都市，广东话和英语是融入香港的必备语言。因此，为了迅速融入香港，李嘉诚把学广东话当成了一件大事。经过一段时间的苦练，他终于能说一口流利的广东话了。之后，便把学习的重点投到了学习英语上。为了尽快说一口流利的英语，他简直着了迷。走路时，他会边走边背单词。夜深人静时，他怕影响家人休息，便独自跑到屋外的路灯下读英语。功夫不负有心人，后来他终于熟练地掌握了英语。

　　日后，懂得广东话和英语的李嘉诚，充分利用自己的语言优势，不断让自己成长，不断把握机会，最终拥有了"塑胶花大王""地产大亨""股市大腕""商界超人""香港首富""华人世界首富"等名副其实的称号。李嘉诚能快速占得商业先机，最终创造出巨大财富，主要得益于他不断地学习新知识。学习使得他迅速成长，成长也促进了他事业的发展。

　　"抢学问"才能抢先机，抢先机才能抢财富。无论在社会中还是在职场里，最重要的"学问"都是前人宝贵的经验。

　　切记，当今时代，变化与发展的速度已经比以前快了很多倍，想要在激烈的竞争中胜出，我们不仅比拥有宝贵的经验，更比获取宝贵经验的速度。所以，我们一定要学会高效地"抢经验"，让自己成为一个"抢学问"的高手。当我们养成了"抢学问"的习惯，相信我们在未来的竞争力会非常强，会"抢占"到比竞争对手们多得多的财富。

05
干什么学什么，缺什么补什么

　　在曾经热播的电视连续剧《亮剑》里，政委赵刚是名牌大学的高才生，投笔从戎参加革命队伍后，经过战争的残酷历练，最后却成了一个文武双全的"儒将"。熟悉《亮剑》的观众一定知道赵刚从文弱书生到儒雅将军的转变历程。

　　如果从人物性格上来分析，赵刚属于那种典型的"做事谨慎有余，魄力不足"的人。这种性格的人如果去担任八路军的团长，那他带领的团的战斗力，肯定比不上敢想敢干的生猛的李云龙带的团。所以，知人善任的党组织就把赵刚放在了政委的位置上。

　　初来乍到的赵刚为了让自己的能力符合团政委的岗位要求，便全面提升自己的能力水平，力求能带出一支纪律严明的模范团队，全力辅助团长李云龙的工作：团长李云龙有问题想不通，赵刚给他做思想工作；李云龙有一肚子恶气，赵刚会倾听并且毫无怨言；李云龙工作有压力了，赵刚会用革命乐观主义精神为其打气；队伍里出现"不和谐"的声音，赵刚则会挺身而出，用笑脸或黑脸摆平。

　　另外，赵刚的枪法经过刻意练习后也十分精准。于是，经过一段时间的磨合后，赵政委便成为不仅能在前线配合李团长上阵杀敌的得力战友，也是能在后方帮助李云龙稳定军心的优秀政委。

在赵刚的努力配合下，李云龙的独立团善于打赢硬仗，让敌人吃尽苦头。后来赵刚离开了李云龙，调到别的单位去了，李云龙便对组织闹情绪说："我和别人尿不到一个壶里去。"这也是对赵政委工作能力的最好褒奖。赵刚也许不是最好的指战员，但却是最好的政委，一个工作能力全面、善于协作的优秀者。

任何领导人都希望自己的队伍里能多一些善于协作的赵刚式的骨干精英。因为这样的骨干精英，既能为团队领导者分忧，又能有效地激励团队里的每一个人，让大家充满战斗力。当然，赵刚为了能够胜任团政委一职，是哪方面缺就迅速补哪方面，需要具备什么能力就马上去学，真正做到了"干什么学什么，缺什么补什么"，所以才会能力如此全面。这启示我们，为了让自己的竞争力更强大，为了以最快的速度适应新的岗位需求，一定要让自己把缺的迅速补全，需要学的尽快学会。

NBA 最伟大的篮球运动员迈克尔·乔丹曾说过一句名言："一名伟大的球星最突出的能力就是能让周围的队友变得更好。"当年，由乔丹带队的鼎盛时期的芝加哥公牛队，看起来是不可战胜的。没想到，对手们却找到了战胜这支队伍的一个办法：让乔丹得分超过 40 分。

这个办法乍听起来绝对滑稽可笑，但是内行人却都能明白其中的道理：一场比赛，只要乔丹正常发挥，公牛队获胜的把握就极高；但如果乔丹"超常发挥"，只顾表现自己的高超水平，就意味着公牛队其他队员的作用在降低，这样就很可能会导致球队输球。

为此，迈克尔·乔丹开始提升个人能力的全面性，例如，提高助攻的次数，增加有效进攻的手段，加强与队友之间的联系与协作，鼓励和督促队友们做得更好。在乔丹的带动下，芝加哥公牛队成就了获得两个"三连冠"、共夺得六次总冠军的伟业。

在电视连续剧《潜伏》里有这样一段情节：与余则成失散后的翠平，把自己的脸抹黑，混在一群农村妇女里面。某天，一位官太太来选用人，站出来一大群妇女，等着让官太太挑选。当官太太要求用人一要"会认字"，二要"会打麻将"，同时满足这两个条件的，只有翠平一个。于是她成功地被官太太挑选走了。这时翠平想起自己曾经对余则成让自己学习麻将和认字很不满，没想到在这个地方能派上用场。可见，艺多不压人，多学点东西，增强自己能力的全面性，放在任何时候都是有利的。

海尔集团自创业以来，一直将培训人才放在各项工作的首位，并提出"干什么学什么，缺什么补什么"的口号。然后，上至集团高层领导，下至车间一线操作工人，海尔根据人才的具体情况制订了全面性的培训计划，力争使每个人都能成为在岗位上独当一面的全面人才。

在 GE 里曾有个员工叫哈克·摩尔。他在 GE 工作的时间比 GE 历史上最著名的人物杰克·韦尔奇还要长。最初，哈克·摩尔只是某部门副经理的第三秘书，在 GE 工作的漫长岁月里，他先后在企业内部 20 多个岗位上工作过，这并不是因为他不能胜任原来的工作而被调离，而是在某个职位空缺时，领导总是马上想到他。哈克·摩尔有着超强的学习能力与适应能力，总能很快胜任新工作。

后来，他成了杰克·韦尔奇的得力助手。杰克·韦尔奇这样评价他："如果让哈克·摩尔坐我的位子，他也不会比我差。他总能通过自己出色的学习能力，在很短时间内胜任新的工作。"哈克·摩尔这种能力如此全面、学习能力如此强的人，当年曾被 GE 上下无数员工奉为学习的榜样。

总之，要让自己能够从容应对各种变化和危机，就要让自己不断成长。成长靠什么？靠不断学习。怎么学习？方法有很多，原则也不少。但其中一个原则一定是：干什么学什么，缺什么补什么。

06

通过终身学习，摆脱"本领恐慌"

1939 年 5 月 20 日，在延安在职干部教育动员大会上的讲话中，毛泽东同志提出了一个很值得我们后人学习的概念："本领恐慌。"当时，毛泽东同志是这样说的："有一种恐慌，不是经济恐慌，也不是政治恐慌，而是本领恐慌。过去学的本领只有一点点，今天用一些，明天用一些，渐渐告罄了。好像一个铺子，本来东西就不多，一卖就完，空空如也，再开下去就不成了，再开就一定要进货……"

"本领恐慌"用来形容当今这个时代大多数人的知识焦虑，依然非常适用。事实上，无论是在职场工作中，还是在追求成功的路上，每个人都有可能会遭遇"本领恐慌"。时代在进步，行业在发展，因此对于个人能力的要求也在不断变化，身在其中的人如果停止了成长，就会遭遇各种危机，甚至被淘汰。

无论在什么行业，总有一些人不愿意继续学习、成长，但又总有一些人利用各种机会主动学习、提升自己，随时接受危机的挑战。别人都在成长，如果你不成长，当然会被淘汰。

曾有一部非常经典的国产老电影，叫《神鞭》。这部电影主要讲述的是，在清朝末年的天津，有一位靠卖炸豆腐为生叫傻二的人，由于路见不平，拔刀相助，结果惹恼了一个叫"玻璃花"的地痞恶霸。在打斗中，傻二迫不得已甩开辫子还击，没想到却将"玻璃花"抽得狼狈逃走。

当众出丑的"玻璃花"很快便纠集了一些武林高手去找傻二较量，没想到都败在了傻二的辫子之下。于是，傻二一下子名声大振，被人们誉为"神鞭"。

后来，八国联军入侵天津和北京，傻二便在刘四叔的引导下加入了义和团，并甩动"神鞭"英勇杀敌。没想到，在后来的一次交战中，八国联军的洋枪却意外打断了傻二的"神鞭"。这令他变得失魂落魄，从此不知所踪。

到了中华民国初年，有一天，"玻璃花"又横行乡里，傻二突然出现在他面前。这时候的傻二，手举双枪，百发百中，令"玻璃花"和乡亲们看傻了眼。最后，傻二对惊呆了的"玻璃花"说了这样一句话："鞭没了，神留着。"

只要跟得上时代发展的步伐，即使辫子不在了，神也会留在自己的身上。正如提倡"活着就为改变世界"并且真的改变了世界的已故 IT 业领袖、苹果公司创始人史蒂夫·乔布斯，从当年的"苹果Ⅱ"台式机电脑，到后来创办了赢得无数奥斯卡动画长片奖的皮克斯公司，再到如今颠覆行业的 iPhone 手机、平板电脑，他不断做出令世人惊艳的创新之举，取得了令世人惊叹的成就。苹果公司的产品虽然形式不断革新，但苹果公司的"神"——极致的品质与无敌的创新——却一脉相传。换言之，苹果的形不断在变，神却一直留着，即使乔布斯已经离开了人世。2017 年，苹果公司更是成为全球市值最高的公司。

在这个日新月异的互联网时代，一个人在大学毕业五年后，大学期间所学的知识就会全部过时。正因如此，越来越多的人开始注意培养"终身学习"的能力。因为只有拥有终身学习的能力，不断更新知识储备，优化知识结构，才能让自己不断成长和进步，才能在激烈的竞争中胜出。

当熟悉的环境改变、原有的竞争力缩水后，谁的内心都会产生波动甚至焦躁不安、不自信，从而产生"本领恐慌"。但是无论怎样，你必须做出相应调整，去适应新的变化，让个人竞争力升级换代，跑赢行业的发展趋势和最新要求，比其他人更能适应变化。

无论是迫于生计要做自己不甚喜欢的工作，还是正处于努力将理想变为现实的创业中，你都必须坚持学习，不断吸收新知识。不学习意味着你遇到的难题会越来越多，你的路会越来越难走。只有跟得上行业发展的趋势，保持个人竞争力，才能使工作越干越好，才有足够实力去赢得你想要的成功与生活。

杜邦公司是美国最著名的化工集团，该公司在 19 世纪时只是一个军火商。20 世纪初期，美国的化学染料生产技术很落后，第一次世界大战中很大程度上要依赖从德国进口相关产品。第一次世界大战结束后，美国政府决定对本国的化工业进行重点保护和扶持。

杜邦看准了美国国内市场的潜力和国家扶持的趋势，结合自身优势，决定在生产军火的同时，也生产相关的军用化工产品，同时大力研发染料技术。

由于有美国政府的保护，物美价廉的德国化工产品并不能对杜邦的新兴产业链造成伤害。于是，杜邦的染料工业很快便发展了起来，几年后便能跟德国化工业相抗衡了。

变化和革新，有时候确实需要巨大的勇气，有的人即使意识到了变革的必要性，也没有勇气去尝试，他们没有看到问题的另外一面：如果不进行变革，不能顺应行业发展的趋势，同样会在未来遭受巨大的冲击，越快适应变化就越能在未来把危机转化为机遇。

总之，只要你能顺应行业发展的趋势，顺势而为，就一定能适应现在和未来；只要你能不断学习不断成长，不断升级自己的知识结构，你的个人竞争力就永远不会丧失，甚至可能会变得越来越强。于是，你不但能将"本领恐慌"甩得远远的，还能不断创造出令人叹服的业绩和成就。

07

勇敢面对竞争，持续保持出色

如果用一句话来形容职场变化的本质，很可能是"优胜劣汰，适者生存"。在商界，每一年都会有无数新企业注册成功，又有无数旧企业被迫倒闭；在职场，很多企业里，都会有大批的新员工入职，又会有大批的老员工离职。"更新换代"是发展的必然趋势，不想被时代滚滚向前的车轮碾压，就要不断打磨自己的核心竞争力。

无论是社会还是职场，其实都是一座无形的竞技场。若想在其中更好地生存和发展，远离被淘汰出局的危险，就一定要想方设法让自己在竞争中脱颖而出。如今，有很多企业采用"末位淘汰制"，这给员工们造成很大压力，同时也是一种动力。当然，采取这种考核措施，用人单位的主要目的是将业绩平庸、工作能力不合格的人筛出队伍，从而让团队更快地发展。

在残酷的竞争面前，总会有一些人被淘汰出局，也总会有一些人从竞争中脱颖而出。因此，身处其中的你必须要时刻保持警惕，不断提供超越他人期待的结果，让自己持续保持强大的个人竞争力。

如果取得一定的成就，坐到一定的位置上，就骄傲自满，停下前进的脚步，你就会慢慢陷入"舒适区"，久而久之就会像那被温水煮的青蛙，水没烧开前还没觉得有危险，但当水温上升到一定程度后，想跳出来已经不可能了。不能持续学习成长的人，不愿将优秀视为一种习惯严格要求自己的人，也会像温水里的青蛙，危机到来时，完全招架不住，被击倒后很难再起来。

中国乒乓球男队在世乒赛、奥运会这种大赛之前，总会在队内进行"直通选拔赛"，通过内部的淘汰赛竞争，选出代表中国男队参加大赛的三名选手。这种选拔赛向来是靠成绩说话的，甭管你是多大牌的明星球手、经验多么丰富的老将，只要是在选拔赛中被淘汰，都会无缘"四年等一回"的大赛。

马琳、王励勤、王皓等前世界冠军，都曾在直通选拔赛中被淘汰出局。曾任中国乒乓球男队主教练的刘国梁说过："你作为奥运冠军、世锦赛冠军，在比赛中也必须拿出最好的状态和超出平时的发挥，否则一旦在直通赛上输球，很有可能会落选最终的名单。这种比赛都是第五局决胜负，每一局的差距就在两三分之间，你的重视程度、心态和临场发挥决定了一切！直通选拔赛就是要有悬念，必须从内部竞争出来，年轻的要用超常发挥战胜老队员，老队员则要使出全部能耐守住自己的主力位置。主力是靠打出来的，不是谁名气大谁就是主力，我们一定要让状态最好的运动员去参加大赛。"

这种内部竞争永远是最残酷的。面对这样的考验，若没有平时的刻苦训练，心态上毫无危机意识，便很容易在竞争中栽跟头、受打击，甚至就此一蹶不振。没有竞争意识，在工作上容易敷衍了事，得过且过；有了竞争意识，就能在做事过程中注入热忱、激情和智慧，不断取得更好的业绩。

其实不论是职业运动员参加选拔赛，还是企业考评员工，只要是竞争都是靠成绩说话的。具体来说，就是以绩效论功劳，以功劳论酬劳，以结果论英雄。老板最器重那些能够干得越来越好，总是能做出优异业绩的人，只有总能出成果、不断进步的员工，才最值得培养和提拔。

联想集团推崇这样一个理念："不重过程重结果，不重苦劳重功劳。"海尔总裁张瑞敏很反对"没有功劳也有苦劳"之说，他认为"无功便是过，功小也是过"。海尔有一个定额淘汰制度，就是在一定的时间和标准下，无法提升和达不到要求的人员都将被辞退。在这一制度的鞭策下，所有海尔人都争取比竞争者快一步，如不能快一步，也要争取快半步。

张瑞敏还认为，海尔的国际化策略就是要"找高手下棋，只有这样才能提高棋艺"。他指出，有的人会因为竞争对手太强大而胆怯，也有的人会因为敢于挑战强大的对手，使自己成为巨人，海尔要做后者。害怕与强者较量，自己永远会是弱者；要敢于与强者竞争，与强大的竞争对手过招。若能战而胜之，还能赢得很好的发展机遇；即使没有赢，也能让自己实现超越。

总之，竞争无处不在，无时不有。只有勇敢面对竞争，培养竞争意识，在竞争中不断提升自己，才能在竞争中幸存，成长，成功。

第 七 章

Chapter 7

高效行动：
动手做，胜过任何完美的想象

01
世界属于敢去尝试和接受挑战的人

当我们学会了高效地管理目标，分析好了自己的优势劣势，明白了持续学习成长的重要性后，接下来要让自己具备的就是勇于接受挑战的尝试精神，以及超强的行动力。

任何一个人想要成就自己，都离不开对机遇的把握。然而，当机遇路过自己身边时，很多人却不敢去抓，结果让机遇白白溜走了。而那些后来获得了很大成功的人，面对机遇时，总是敢于尝试，勇敢地推门而入，从而有重大的收获。

任何优势、长处、能力，都是在迎接挑战的不断实践过程中逐渐增强的。想在未来取得大成就，那么现在无论你身处哪个行业的哪个位置，都应该敢于尝试，主动挑战难题和灵活解决各种问题，须知，世界属于敢去尝试和接受挑战的人。

王文华是台湾著名作家、编剧。通过阅读他的成长史我们发现，他的优势是写作能力强。但其实他在很多个领域都颇有建树。某次接受采访时，记者问他："为什么您总是能精力充沛地做事，每天都能保持斗志？"王文华回答说："我做的事，没有一件是有把握的。但正是这样，让我总能保持斗志，总能精力充沛地做事。"从这句话，我们能看出王文华敢于挑战困难、不断提升自我的勇气和决心。

总是敢于尝试和挑战那些看似"没有把握的事"的王文华，有着什么样的成长经历呢？我们不妨简要地回顾一下。

王文华也不是从小就敢于挑战难题的，例如，从小学到中学，他都没有当过学生干部，甚至连争取都没敢争取过，原因是他认为自己不是那块材料。

进入大学后，他却突然鼓起勇气去参加了学生议会议员的竞选，最后还成功当选了。当他报名参选时，内心其实是觉得自己肯定选不上的。他认为这是自己最没有把握的工作，自己肯定干不了。但当他真的成了议员开始履行职责时，才发现事情并没有想象中那么困难。

当他因为表现突出而被提升为学生议会的议长后，他突然有了一种醍醐灌顶的感悟："没把握的事情，自己其实也能干好。很多事情，根本不用等到时机完全成熟了再去干，因为机会成熟时，也是竞争最激烈的时候，为什么不在旁人还在观望的时候，自己就先出发呢？"

在成为议长后，他又有了一件很想去做的"没有把握的事"：写一部小说，然后把小说改编成剧本，再组织一个话剧团把这个剧本演出来。他之前从来没有写过小说，但他毫不畏惧，马上开始动手写起来。在写小说的同时，他开始学习剧本构思。小说写好后，在改编成剧本的同时，他开始招募话剧团成员。剧本改好时，成员也招募完毕。在排练剧本的同时，他已经开始联系表演的场地……从动手写小说到话剧在学校大礼堂成功上演，王文华用了一年的时间。而这些事，他以前从来没有做过。

这次演出的成功给了他极大的信心，他很快就给自己找了一个新的挑战——学跳踢踏舞。刚开始学习时，他全身上下都是僵硬的，练习一个星期后，他有了新的感觉；又练习了四周，他已经能自如地控制身体，灵活摆动了。最后他在学校的元旦晚会上完美地展现了自己的舞姿，观看晚会的师生纷纷称赞不已。

在大学里，他成功完成的"没把握的事"还有很多，例如，他通过参加国际大专辩论赛的机会，逼着自己疯狂地锻炼口才，天天练习绕口令，终于把从小到大都改正不了的口吃病给治好了。

大学毕业后，王文华决定到美国斯坦福大学深造。为此，除了把标准的申请表制作得非常完美外，他还编了一本名叫 *Close-Up* 的杂志。在这本杂志里，他用图、文把自己大学的经历全部呈现了出来。原来，他是想用这本杂志让斯坦福知道，他是一个很善于抓住"没有把握的机会"的人。那一年，他成了斯坦福大学录取的唯一一个来自台湾的 MBA。后来他才知道，在那一年台湾有数千名考生申请了斯坦福大学，但最后只有他这位考试成绩在百名之后的人被录取了。而打动斯坦福的正是那本 *Close-Up* 杂志。

进入斯坦福大学后，王文华觉得除了学业外，还有很多"没有把握的事"值得自己去干。例如，在学习之余，他穿上了黄马甲，成为华尔街的见习操盘手，深深地体验了成千上万的资金从自己手里流进流出的感觉。后来，他还找机会进入了微软、戴尔和通用汽车实习，学到了很多终身受用的东西。

斯坦福毕业后，他分析了自己的优势，决定去当一名作家。他写出了《蛋白质女孩》等多部畅销作品，因此成为著名作家。在一次录制专题节目的现场，当被问及他为什么能有如此丰富、值得大书特书的经历时，他讲了下面这个故事。

在某个地方有两座寺院，分别住着一个和尚，其中一个和尚挺贫穷，另一个和尚则很富有。贫富虽有别，但这两位和尚都有一个共同的目标——去南海朝圣。富和尚很早就开始存钱，打算有了足够的钱后，就出发去南海。而穷和尚呢？他早已带着一个钵盂上路了。

一年后，穷和尚已经从南海朝圣回来了，但富和尚出发前的准备工作还没有完成。听说穷和尚成功地从南海朝圣回来了，富和尚便去问他："你这么穷，究竟是靠什么到达南海的？"

穷和尚答道："靠双腿走到的。我不去南海，心里就难受。我每走一步，觉得距离南海就近一分，心里就安宁一点。你这个人个性稳重，不做没有把握的事情，而我敢去做没把握的事，所以，我回来了，你却还没有出发。"

世界属于敢去尝试和接受挑战的人。如果总是等到事情可以十拿九稳地做到时，机会早就溜走了。须知，所谓十拿九稳的事情，往往是获得回报最少的事情。要做，就去做那些没把握的事——你觉得没有把握，别人同样觉得没有把握。但是你做了，就有了成功的可能；不去做，永远只能看着别人成功。风险与收益向来是成正比的，投资是这样，工作是这样，生活也是这样。

很多事情，没做之前你觉得做不了，但当你做了之后，往往会发现，纠结是无意义的，只要你敢于尝试，总会有方法解决遇到的问题。还有一些事情，你现在做不了，但只要你开始行动，有目的地锻炼相应的能力，迟早能够做到。所以，如果你想取得大的成就，请马上行动。

02
把目标变成切实的行动，才不是在白日做梦

在前面的内容里，我们已经知道了设立目标的重要性，知道了一个明确的人生目标能够让我们更清楚地看到自己的未来。但是，如何将这种未来变成看得见、摸得着的现实，就需要制订规划来帮助我们确定需要采取哪些具体行动，来实现我们的人生目标。

很多人的人生核心目标都很抽象，往往是这样的词语：幸福、成功、财务独立、经济富裕、完美的生活等。毫无疑问，我们确实都想拥有这些抽象词汇所形容和概括的生活状态。然而，要实现它们，就必须将它们变成一些短期规划和具体行动。

正如参加马拉松比赛的最终目标是夺得冠军，但你要做的不是满脑子想着自己夺冠后的样子，而是将漫长的赛程根据沿途的标志物分成一个个的小段，然后一段段去完成。这样累积出来的胜利，才能保证你拥有最终的胜利。

对于任何一个大目标，我们都要学会把它分解成无数个合适的小目标，然后迅速转化为切实的行动，逐步完成。当所有的小目标都达成了，我们的大目标也随之完成。切记，只有把目标迅速变成切实可行的行动，我们的目

标才不会成为空谈，我们的梦想才会在一次次努力中逐渐照进现实。

如果你的目标是要成为一名游泳健将，那么需要将这个大目标落实为具体的小行动。比如，你要先战胜对水的恐惧，然后是练习憋气，之后再练习游泳姿势，并不断提高游泳速度，同时还要进行必要的体能训练。

可能你需要实现的目标不是一个，而是两个、三个甚至更多，但无论是多少个，都可以用上面介绍的方法，将所有可能的具体行动都列举出来，从第一个目标开始，然后是第二个、第三个……列出尽可多的行动后，你就可以回过头去，各用至少三分钟时间来修改每张清单上的内容——你可以增加新的活动项目，可以删除某些项目，可以将一些项目进行整合，也可以再增加一些新的行动项目。

我们再来分析另一种情况。如果你的长远目标是要成为一名职业足球运动员，但同时你还想考上名牌大学，这就是你的另一个长远目标。而你的第三个重要目标可能更为迫切：成为你所在的中学的足球队的主力。从紧急程度上来看，第三个目标最为急迫。为了实现这个目标，你就需要每天利用 2 个小时提高足球技艺，每天跑 1 万米锻炼体能，每星期去三次健身房锻炼肌肉……只有这样，你才可能在校队招考时做好足够的准备，然后成功入选。而要想被 ×× 大学的校队（假设这所大学的校队水平很高，每年都为职业队输送好几名球员）录取，你还必须要好好学习文化知识，准备参加一次重要的考试，同时在地区学校足球联赛中要有上佳的发挥。

如果你的长期目标是过上幸福的生活（似乎每个人都希望如此），你又该怎样把这个目标变成切实的行动呢？那你需要首先制订一个短期计划：找到一份适合你自己的职业。而要实现这个短期目标，你就首先要找一份工作。由此看来，你需要完成的行动就包括：了解目前的就业市场，加强自身的专业技能，尽可能去找自己感兴趣行业的从业人员，多了解一些情况，然后准备一份不错的简历和求职信，从众多的招聘信息中选择自己感兴趣的，为面试做好准备，然后去参加面试，等等。

需要特别指出的是，不要将行动和目标混为一谈。行动是一些可以具体执行的事情，而目标则可能是一个方向、一个期待、一个想法。就像你的目标是让生活更健康美好，而具体行动则为积极减肥，少吃甜食，不抽烟喝酒，不熬夜，每周坚持锻炼身体，等等。

只要能像上述这样，将目标迅速转化为具体的行动，那么即使再大、再长远、再抽象的目标，你也能最终实现；当你找到了可以开始操作的具体行动，任何目标都不是纸上谈兵或者白日做梦。

03
勇于开始，去做就有办法

无论你想达成什么目标，想做成什么事情，非常重要的一点是——勇于开始。被美国前总统林肯誉为"美国的孔子""美国文明之父"的爱默生曾说过："要去某一地点，可以有二十条道路，其中有一条是捷径，不过还是立刻踏上其中的一条吧！"日本 YKK 董事长吉田忠雄也分享过这样的成功经验："只要能成功，失败无所谓。谨慎行事可能没有失误，但充其量最多也只能有 50% 的效果。若对每件事只要有 70% 的把握就去做，则集合各件事的效果，成就绝对不止 50%。"

这都告诉了我们勇于开始是多么重要。任何一件事情，假如你大致已经看准了，准备得也差不多了，那么就赶紧去做吧。想要赢得成功，其方法更多的是体现在行动上，而不是空想中。这是人类的常识：行动才能结出香甜可口的果实，空想只能收获悔恨的叹息。

很多人总是把自己的不成功归咎到别人身上。例如在职场里，有些人总是抱怨领导不重用自己，却重用"只会拍马屁"的谁谁谁；有些人总认为是老板偏心，提拔别人却不晋升自己；有些人认为自己薪水太低，却又不愿意付出更多的努力……这些人都有两个共同的特点：一是不愿意主动付出，更不愿意提供超过别人期待的付出；二是习惯于空谈，总是找借口拖延，迟迟不想开始行动。所以，这些人得不到机遇的青睐，也是合情合理的。

然而，如果你真的想取得大成就，赢得大成功，就一定要养成勇于开始、勤于行动的习惯。绝大多数时候，一件事情，只要你认准了，就应该立即行动，而不是只在脑子里空想。天下最可悲的事情之一就是：我当时真应该那么做，可惜我没有去做。

世界上牵引力最大的火车头停在铁轨上时，为了防滑，人们只需要在它的 8 个驱动轮前面塞一块 2.5 厘米大小的正方体木块，就可以使这个庞然大物无法动弹。然而，一旦这个巨型火车头开始启动，小小的木块就再也阻挡不了它。当它的时速提升到 160 千米时，一堵 1.5 米厚的钢筋混凝土墙也能被轻而易举地撞穿。

每个人其实也和"沉睡"的火车头一样，身体里潜藏着巨大的能量，一旦被唤醒，其产生的威力是巨大无比的，而许多令人头痛的障碍也能被你轻松突破。是的，产生这一巨大威力的前提是：必须行动起来。只知道空想和犹豫迟疑，就会像那停在铁轨上的火车头一样，连一小块木头也能成为巨大的障碍。

很多时候你觉得你做不成某件事，完全是因为你的判断标准是过往的经验。然而，很多时候假如你勇于开始，着手去做了，你会发现在做的过程中，总是能找到解决问题的办法。最终你会发现，那些你当初以为做不成的事，经过你的一番努力后，居然做成了。其实，许多事情的难度，都是由于我们的犹豫不决、摇摆不定从而被扩大了。很多时候，事情并没有我们想象的那么难，只要马上去做，就很有可能做得成。

美国混合保险公司创始人斯特隆认为对他这辈子影响最大的一句话是："马上就做！"这句话是他妈妈从小就教育他要做到的，久而久之，这句话仿佛烙在了他的心里。长大以后，他通过推销保险，训练出一支非常优秀的保险销售队伍，让自己成为百万富翁。他认为他的成功秘诀，自始至终都是："马上就做！"

他回想起还没有成功之前的一件事。当年，他听到一个消息：由于美国经济大萧条，曾经生意兴隆的宾夕法尼亚伤亡保险公司发生了危机，已经停业。这家公司的所有权属于巴尔的摩商业信用公司，他们决定以 160 万美元的价格卖掉这家公司。

斯特隆其实很想买下这家保险公司，但自己当时不可能拿出 160 万美元。经过一番思考，他居然想出了一个不花自己一分钱就能拥有这家保险公司的办法。这个办法实在太棒了，棒得让他自己都不敢相信，以至于想放弃。但当放弃的念头一出现，他就马上对自己说："马上就做！"

于是他马上带着自己的律师去与巴尔的摩商业信用公司进行谈判。谈判开始后，斯特隆对对方说："我想购买你们的保险公司。"

"没问题，160 万美元。给了钱，保险公司就是你的。"

"我没有这笔钱，但是我可以向你们借。"

"什么？"对方听后不敢相信自己的耳朵。

斯特隆马上解释道："你们商业信用公司不就是向外贷款的吗？我有把握将保险公司经营好，但我需要向你们借钱来经营这家公司。"

表面看起来，这真是一个非常荒谬的办法：商业信用公司出售自己的保险公司，不但拿不到钱，还要借钱给购买者去经营。而购买者借钱的最大理由，是自己拥有一群出色的保险推销员，一定能经营好这家保险公司。

商业信用公司对斯特隆进行了一番深入的调查，对他的经营才能充满了信心。于是奇迹出现了：斯特隆没有花一分钱，就拥有了一家自己的保险公司。后来，他将保险公司经营得非常好，成为美国名列前茅的保险公司。

这就是"勇于开始，马上去做"的威力。当你有了好想法之后，请迅速开始去做。只有在做的过程中，我们才能知道会遇到什么样的困难，我们才会想到解决困难的办法。当你把一个又一个困难都解决了，当你实现了一个又一个小目标后，你的大目标就必将达成。

《福布斯》杂志创立者福布斯说得好："做正确的事情，把事情做正确，马上做！"总之，无论是谁，想要成就一番事业，都必须养成"马上就做"的习惯！而当你能够勇于开始，切实行动，无论遇到什么问题都可以找得到解决的办法，你一定能达成目标，心想事成。

04
执行到底的秘诀：愈挫愈勇

绝大多数人在追求成功的路上都必定遇到过一头叫作"失败"的拦路虎。当这头拦路虎出现在自己面前时，有些人会选择绕过去，认为失败了就失败了，大不了我换一个方向或者另找一条路继续前进。还有一些人会选择直接面对失败这头拦路虎，非要把失败的原因找出来，然后再根据失败的原因，寻找出如何才能打败这头拦路虎的方法，继续向成功的目的地前进。

第一种人是值得表扬的，因为他们懂得在困难面前转换方向，用其他方法去解决问题。第二种人是值得大声称赞的，因为他们知道没有过不去的坎，只要找出解决问题的办法，就能继续向前迈进，追求成功。但如果想要取得大成功，赢得大成就，就一定要向第二种人学习，因为他们不仅尝试过失败，还知道如何才能不让失败再次打倒自己。

有一年在招聘新员工时，丰田公司给应聘者们出了这样一道考题："你以前是否失败过？如果有，请简要写出失败的原因和怎样面对失败的。"

然而，很多人为了能顺利进入丰田公司工作，都回答说，自己从来没有失败过，自己一直都是如何如何努力的，只有少数人如实地回顾了自己的失败，并给出了对失败原因的分析，以及面对失败的态度。说自己没有失败过的人，最终都没有被录取，反倒是那些坦然承认自己失败过甚至失败过很多次的人，却被录取了。

面对丰田公司的这一做法，有些人质疑道：为什么自己从来没有失败过，反而不能进入丰田公司工作呢？

负责这次招聘活动的人回答说："如果一个人从来没有经历过失败，那么他就不知道如何去面对失败，更不知道如何才能从失败中吸取教训，更不懂得如何把失败转化为成功。而如果一个人经常经历失败，那么他就等于获得了比别人更多的教训，对于一项工作也会尽职尽责地做好，而不会再次犯相同的错误。"

作为一个成年人，没有经历过失败简直是不可思议的。事实上，只有经历过失败并把失败当成垫脚石的人，才能在追求成功的路上走得比别人远。要成功，就必须能够拥有坚忍不拔的意志，和执行到底的行动力。能执行到底的，往往是愈挫愈勇的人；也唯有这种人，更有机会成为最终的胜利者和最大的赢家。

怎样才能化失败为成功，做一个愈挫愈勇的人呢？

一、学会及时处理突发事件。

在追求成功的路上，我们经常会遇到各种始料未及的突发状况，这时候你不能把困难推到别人身上，希望别人去解决难题，化解危机；而应该主动站出来，想方设法去解决难题，处理好危机，让突发事件得到妥善处理。

二、可以犯无关紧要的错误，但绝不犯影响结果的错误。

错误分为两种：一种是无关紧要的错误，另一种是会影响结果的错误。成功者有可能会犯前一种错误，但几乎不会犯后一种错误。因为前一种不会影响大家和自己的利益，后一种会影响大家和自己的利益。为了大家的利益不受损，我们只能犯不会影响大家和自己利益的错误。如果你是一个经常犯错误的人，这时候就要注意了，你的错误恐怕就是为什么你得不到机遇青睐的真正原因。

三、坚持实时创新，知道没有最好，只有更好。

在追求成功的路上，不但应该避免犯各种错误，还应该明白老板或者客户交给你任务的真正目的。也就是说，老板或者客户交给你这个任务，是想让你做到什么样的程度，对方需要任务给其下一步的工作带来什么样的用处。

对于一个成功者来说，他在想通之后，就会继续想一想如何才能达到老板或者客户所需要的结果，并在结果的基础上进行适当的创新，从而给老板或者客户一种耳目一新的感觉。因为他们深知，没有最好，只有更好，把工作做得让每个人都满意，那就是老板、客户真正想要的结果。

总之，一个全力以赴、遇到任何困难都能百折不挠、无论面对什么样的失败都能愈挫愈勇的人，到哪里都会受大家的欢迎，这样的人，更容易成为命运青睐的成功者。

05
机遇更青睐超前一步行动的人

如果你要追求某种理想的生活，实现某个大目标，就需要提前做好一些必要的准备，努力提升自己的能力，不断增强自己的核心竞争力，这样在机遇出现的时候你才有足够的能力去抓住它。想要获得机遇的青睐，秘诀有四个字：超前一步。是的，机遇更青睐超前一步行动的人。

职业培训师谭小芳曾经说过："成功者永远是那些站在最前面或者看到最远处的人，而失败者永远只会跟在后面，盯着成功者的脚跟，踏着成功者的鞋印。"能够超前一步预知未来的发展变化，更容易在追求成功的路上占得先机；能够超前一步去行动的人，更容易把机遇捕捉到手上，收入自己囊中。那些总是满足于现状、不去考虑明天的人，那些不但不去立即行动反而习惯于拖延的人，无论是现在还是未来，都很难得到机遇的青睐，很难获得成功。

著名作家、企业家海岩在 10 岁时由于种种原因辍学了。后来，他应征入伍，当了兵。复原回到北京后，他在公安局找了份炊事员的工作。虽然只是一份平淡的工作，但他踏实、勤奋，深受同事们的欢迎。后来，北京市公安局规定，大专以下学历的人须"另行"安排工作，他也在此之列。领导对他还是比较照顾的，介绍他去了一家机关自办的饭店里做厨师。那家饭店的经理看他年轻又勤快，刚好手边又缺人，便让他留下来。

海岩知道自己的境遇是因为没有文凭，而当今社会文凭是不可缺少的，所以只有小学四年级文化的他下定决心自学。从此以后，每天他都是白天上班，晚上刻苦自学。后来，他发现自己在写小说方面很有天赋，于是每天晚上除了学习新知识，还会拿出一部分时间用于创作。记得那一年的夏天，他热得汗流浃背，却仍然坚持奋笔疾书，进行文学创作。

凭着自己的努力，海岩坚持写完了一部长篇小说。1985 年，这部名为《便衣警察》的小说正式出版，很快便成了畅销书。一时间海岩的名字红遍了全国。后来，他的每一部小说几乎都成了畅销书，还被拍成了电视连续剧。

海岩既是一位成功的作家，也是一位成功的经营者。在回忆起过往的经历时，海岩感慨道："我觉得人生的长河中有许多偶然的浪花，你需要提前做足准备，超前一步行动，这样就肯定能碰到机会。"

靠着勤奋和努力，靠着超前一步的行动，海岩从抄写生词到写长篇小说，一步步成长了起来，最后成为著名的畅销书作家。这启示我们，在追求成功的路上，我们想要获得机遇的青睐，就一定要超前一步去行动，并且比别人付出更多，想别人想不到的，做别人做不到的。

联想集团董事长柳传志在三十多年前只是中国科学院计算机研究所的一名研究员，他当时的主要工作是研究磁记录电路。最初的时候，他的研究成果并没有得到实际的应用，虽然获得了一些业内的奖。后来，研究室的研究成果终于得到了应用，这次的实际应用使得柳传志和研究室的其他研究员都非常开心，也就是从那时候起，柳传志萌生了要把研究成果超前一步落实到应用上的想法，他想把技术转变成产品，然后卖给大众使用。

当时的北京中关村已经具备了开办计算机公司的条件，一些新兴的公司正在崛起。在当时中国科学院计算机研究所所长和研究室负责人的提议下，柳传志第一个出去办起了公司，也就是现今的联想。从一个计算机研究所的研究员，到一个公司的经营者；从一个 IT 技术人员到学习怎么推销产品，柳传志总是用超前一步的工作行动，让自己的事业更上一层楼。最终，联想公司成为中国乃至世界都赫赫有名的大企业。

总之，机遇往往更青睐那些能够超前一步行动的人。无论你想在哪一个领域里的哪一方面取得成功，都应该比你的直接竞争对手超前一步去寻找创新的突破口，超前一步去行动，去做得比你的同行都要好。如果你总能这样做，你很难不成功。

06
做好每一个"今天"应该做的事情

人生是一场现场直播，没有彩排，不会有剪辑，也不会有回放的机会。我们每个人都在不断地往前走。人生又是一次单程的旅行，只有向前的路，没有回头的路，无论你有多么大的遗憾想回去弥补，也回不去了；无论你拥有多么美好的回忆，想再重新体验一遍，也是不可能了。

虽然有人说过，"忘记过去就意味着背叛"，但是，没有几个人愿意总是记住那些令自己悔恨不已的岁月。如果现在的你仍处在庸庸碌碌的生活之中，甚至生活在灰暗的社会底层，你就更加不愿意去回想那些失败和挫折的日子。只有你现在已经功成名就，正过着锦衣玉食的生活，你才会觉得以前那些让自己痛苦不堪的岁月，是偶尔值得回味的。

人们更喜欢经常回忆起的，是那些美好的过去，那些曾经获得过的大大小小的成功，那些最终让你成为胜利者的过程。这些都启示我们，活好当下，做好每一个"今天"是多么的重要。这句名言警句说得非常好：让每一天都成为你的代表作。什么是"代表作"，就是能让你很愿意主动提起的美好的过去，就是一种或大或小的成就。

你努力打造出来的"代表作"越多，你可以在未来重温的美好回忆就越多。能让你打造代表作的时间点，不在过去，不在未来，只在今天，只在当下！所以，"今天"是我们最应该抓住和珍惜的。"今天"虚度了，你的人生就会虚度；"今天"过得越充实，你的人生就会越充实。你能够打造出来的足以成为"代表作"的"今天"越多，你将来可以回顾的美好回忆就越多。所以，请做好每一个"今天"应该做的事情。

有一位销售员因为骄人的业绩而被老板提拔为销售经理。可没过多久，这位销售员就发现自己在新岗位上做得并不成功，这让他苦恼不已。苦恼的原因是，在得到晋升后，他并没有处理好以前的工作习惯与眼前的职责之间的关系。他更喜欢亲自到第一线去销售，可现在的工作职责要求是，他必须要培训和激励好自己的下属去进行销售，让下属们取得好的销售业绩。

所以，他需要经常回答的是这样一个问题："我到底该怎样利用好自己的时间呢？"令人遗憾的是，他每次在回答这个问题时，都更像是一名销售员，而非销售经理。

很多人其实都面临过这样的问题：无法把自己从过去拉回来，或者干脆切断过去。结果就是将今天宝贵的时间花在对过去的回忆上，却不能带来实实在在的收益。而今天的时间一旦失去，就永远也挽回不了了，剩下的只有懊悔。如果不能将这种懊悔及时消除，也必将成为"过去"的一部分来消耗今天的时间，周而复始、恶性循环。

想要摆脱过去，做好现在，首先要提高自己的认识，必须要让自己认识到这一点：在一个人的某一段生命历程中，光荣业绩可能成为人生前进的强劲推力，但如果总是沉浸于过去，就可能成为阻碍通往成功的绊脚石，同时还会消磨前进的信心。

把昨天的阴影抛到脑后，把每天都当成是一个新的开始，注意调整和保持良好的身心状态，这便是做人的成功。若再能以这种状态去干事业和面对人生，必定能获得更大的丰收。

如果不想被过去的消极因素影响到现在的自己，还有一个好方法就是：有意识地记录自己在以前的角色和现在的角色之间的时间分配比例，这样就可以慢慢改变自己的习惯，逐渐摆脱对过去的依赖，将更多的时间用在"今天"正在进行的事情上。

总之，努力做好每一个"今天"应该做的事情，尽力把每一个"今天"都打造成为自己的"代表作"，你将来回忆起自己的过去时，遗憾和悔恨会更少一些，欣慰会更多一些。有一句话叫"让将来的你感谢现在努力的自己"，说的就是这个意思。

所以，努力、用心地做好每一个"今天"应该做的事情吧，这样，将来的你，一定会感谢现在努力的自己。

07
起跑领先一小步，人生领先一大步

在追求成功的路上，如果你想要在激烈的竞争中胜出，成为最大的赢家，最有效的方法是，在"起跑"时就领先其他人一步，哪怕是一小步。如果你能够抢占先机，日积月累下来，你和你的竞争对手的差距会越拉越大，直到后来他们再也追不上你。

有句谚语说得好："一步赶不上，步步赶不上。"说的就是抢占先机的重要性。无论是赛跑还是经商，无论是职场竞争还是战场争锋，起跑领先一小步，终点处就可能领先一大步！

如果你稍加观察就会发现，如今很多女孩子都很爱穿"迷你裙"。为什么迷你裙能够如此流行呢？这要归功于有"迷你裙之母"称号的玛丽·奎恩特。正是玛丽·奎恩特当初"起跑"时领先的那一小步，为她后来的发展带来了巨大的推动力。

20 世纪 50 年代的英国街头，到处都可以见到身着奇特黑色服装、骑着摩托车横冲直撞的时髦青年。然而，来自英国威尔士的年轻女子玛丽·奎恩特的服装设计，很快便使得时髦青年所穿的"奇装异服"变得落伍。

玛丽·奎恩特出生于 1934 年，16 岁进入伦敦金饰学院绘画系学习。毕业后，玛丽·奎恩特在女帽商埃里克的工作室里开始了她的设计生涯。她的设计对象，正是当时还没有引起人们注意的少女时装。当时的女孩，衣着毫无特色，往往是穿着母辈的老式衣服。玛丽·奎恩特说："我时常希望女孩子可以穿上她们自己喜欢的衣服，它不应该是古板过时的，而应是真正 20世纪的年轻女装。但是，我知道这一工作尚未引起人们足够的关注。"

1955 年，年轻的玛丽·奎恩特和丈夫格林在伦敦开了一家名为"巴萨"的百货店，服务的顾客群体主要是年轻人。很快，她便推出自己设计的第一件服装，这就是后来闻名遐迩的"迷你裙"。虽然当时他们夫妻俩的店面很小，他们也属于英国时装界的无名之辈，但迷你裙的出现，却预示着服装界在未来将会迎来一场强烈的"地震"，划时代的一步已经迈出。

20 世纪 50 年代，女性所穿裙子的长度一般在小腿肚上下，而当时名不见经传的玛丽·奎恩特就针对这一现象展开了一项服装革命。她还打出了自己的"战斗口号"："剪短你的裙子！"

到 1965 年时，迷你裙已经风靡全球。这时的玛丽·奎恩特则进一步把裙下摆提高到了膝盖往上 10 厘米。于是，英国少女的装扮成了令欧美女生们非常羡慕和争相仿效的对象。这种风格被誉为"伦敦造型"。到了 20 世纪 60 年代中期，"伦敦造型"成为国际性的流行样式。新时装潮流势不可当，年轻人狂热地欢迎迷你裙。

世界知名服装设计大师皮尔·卡丹、古海热、圣·洛朗、安伽罗等人自然也发现了这一风潮和巨大商机，于是纷纷参与进来，迅速设计和相继推出了一组又一组风格各异的迷你裙系列。然而，这些服装大师们都竞争不过玛丽·奎恩特。

玛丽·奎恩特这位叱咤风云的女设计师，借着迷你裙畅销英伦的东风，很快成为一个精明的企业家，从捉襟见肘的小本经营（刚开始时仅有 20 台缝纫机和 20 个工人），发展到了年收入 1200 万美元，拥有分布于全英国的百余家时装店，它们专营摩登、别致、价格适中的时装、起皱衬衫、闪光的紧身运动衣等。很快，她的著名的女装店如"你，快点"、男装店"贵族男仆"陆续开张。后来，她的经营范围越来越大，仅美国就有 320 位经销商。

1965 年，英国女王伊丽莎白访问美国。当她的船抵达纽约时，美英时装团体组织了迷你裙大型表演。这时，即便是最保守的高级时装店，也悄悄地剪短了她们的裙子产品。就这样，迷你裙风靡了整个欧美世界。随着时间的推移，当迷你裙"攻陷"亚、非、拉大陆后，玛丽·奎恩特的迷你裙终于"征服"了全世界的年轻女性。

起跑领先一小步，人生领先一大步。玛丽·奎恩特在迷你裙上抢占了先机，然后围绕着迷你裙，迅速地发展出了一个属于自己的商业王国，让那些落后于自己的竞争者望尘莫及。这启示我们，有了好的想法和创意，就一定要迅速行动，这样才能抢占先机，在"起跑"时领先竞争对手，并且在未来的竞争中持续保持优势。

如果你也希望通过经商来成就自己，现在的中国其实很适合你。现在的中国，每天都发生着各种各样的变化。在变化中，产生了无数的商机。在这些商机里，只要你能够抓住一个适合自己的，敢于领先一步，迅速去行动，就能够化商机为财富。

赵国庆是一家电梯设备公司的老板。1995 年的时候，他已经在社会上闯了好几年，但并没有取得什么成就，这时他结识了后来的合作伙伴宁远。当时，赵国庆正在某电梯公司的销售部上班，其实算得上是高薪一族了。结识了宁远后，两人分析了当时的情况，决定合伙开办一家电梯设备公司，开始代理销售电梯设备。

当时，像他们这样的电梯代理公司很少，在业界他们算是领先了一步。经过半年艰苦的努力，公司终于走上了正轨。现在，公司已经发展得颇具规模了。

如今看一看同行业的竞争对手，仅仅是他们所在的城市，就已经冒出了很多家。赵国庆常常在想，如果自己现在才开始经营电梯设备公司，是不是还能像当年那样发展得那么快呢？应该不可能，因为现在的竞争对手太多了，市场就那么大，进来抢业务的人越多，赚钱就必然越少。这就是抢占先机，起跑时领先一步的巨大好处。

总之，每一位想要让自己成就一番事业的人，都一定要分析好自己的优势、劣势，长处、短处，然后找到适合自己干的事，最好是找到能让自己领先一步的机会。一旦找到了，就马上行动，把这个机会转化为自己的财富。"起跑"时领先的一小步，将助你成为同行里最大的赢家。

第 八 章

解决问题：
三年成就自己的无可替代

01
核心竞争力源自解决问题的能力

在商界有一句很多人都知道的话："内行人赚钱，外行人陪玩。"为什么内行人能赚钱，因为内行人知道自己身处的行业哪里有陷阱，所以能轻松避开；知道行业内哪里最容易赚钱，在什么地方能赚到更多的钱。外行人呢，既不知道在哪里能赚钱，又不知道怎么避开陷阱，光靠碰运气，又怎么可能赚得到钱呢？

不仅仅是赚钱这件事，在任何领域里，你要成为所在行业里的优秀者，都要让自己迅速成为内行人，做一个善于解决问题的人。在前面的章节里，我们已经知道要成就自我，就一定要有强大的核心竞争力。

核心竞争力源自解决问题的能力，你解决问题的能力越强，核心竞争力越强。我们前面让大家把自己的优势、长处、才干打磨到极致，就是因为这样才能让我们解决问题的能力有突破性的提高。能解决问题，就具备了核心竞争力。善于找办法解决问题的人，是社会的稀有资源，是行业内的明星，即使他们没有刻意地追求机会，机会也会主动找上门来。

1991 年，迈克尔·奥利里以 CEO 的身份接管了濒临破产的瑞安航空公司。他通过对这家公司进行整治，很快就让公司扭亏为盈。几年内，这家曾经要破产的航空公司居然成了欧洲旅游业内利润最高的企业之一。1999 年，当大多数欧洲航空公司都在苦苦挣扎时，瑞安航空公司总收入却高达 2.6 亿美元，税前利润为 5180 万美元。为什么瑞安航空公司能创造这样的奇迹？奥利里究竟解决了什么问题，实行了哪些与众不同的措施？

我们举例看看，奥利里是怎样发现问题和解决问题的。例如，当他发现瑞安航空公司亏损的主要原因，是价格太高导致旅客流失时，便决定改变经营方针，"对症下药"。首先，他让瑞安航空公司开始为一些欧洲机场，例如瑞典马尔默的机场、伦敦北郊的卢顿机场和斯坦斯特德的机场提供飞机。

接着，奥利里大幅度降低了机票价格。如瑞安航空飞往威尼斯的航班，往返机票价格仅为 147 美元，而英国航空公司的则是 815 美元。他的这一经营策略，既让坐飞机成为更多欧洲人负担得起的出行方式，又能让自己的公司盈利。

1999 年，在欧洲航空公司里排名第八的瑞安公司的年载客量是 600 万人次。奥利里计划在五年内使这一数字翻一番。但刚开始时，这个计划实施得并不顺利，因为公司的成本总是居高不下。面对这个问题，他一没有发脾气，二没有怪别人，而是亲自到各个分公司去了解详细情况。

很快他便发现，是机场收费比较高，导致了公司成本一直下不来。他也很快找到了解决这个问题的最佳方法，那就是一步步把公司的业务转到英国较小而收费也较低的机场。然后他马上把解决方案落到了实处，将业务转移到了英国。如今，大约有 55% 的瑞安航空公司的乘客从英国的机场起飞。奥利里解决了一系列问题后，瑞安航空公司迅速走上了健康、良性的发展道路。

核心竞争力源自解决问题的能力。无论是企业经营、组织发展还是个人去追求大目标的过程，都是不断发现问题、解决问题的过程。企业、组织发展的程度取决于成员们解决问题能力的高低，个人能否更高效地达成自己要实现的大目标，靠的也是解决问题的能力的高低。

　　归根到底，只有人才才是企业、组织取得竞争优势的关键，而人才的价值又体现在解决问题的能力上。一个人才的竞争力必须表现为卓越的解决问题的能力，否则一文不值。因此，优秀人才必须具备解决问题的能力。

　　有些人认为，解决问题是企业高层、组织领导的事，自己只要做好执行工作就行了。其实，即使最基层的人也需要解决日常运营中的各种问题。良好的解决问题的能力是当问题接踵而来且复杂度不断升高时，能够系统地找出问题的成因，对症下药，以最有效的方式解决问题。

　　怎样才能提高自己解决问题的能力呢？通常有以下几种方法。

　　（1）用目标激励自己。

　　解决问题能力强的人，往往能着眼于未来而设立目标，然后会为了实现这个大目标而分解量化出若干个小目标，然后迅速去行动，想方设法完成一个又一个小目标，直到达成大目标为止。每个人其实在潜意识里都有自我实现的愿望，为自己设立一个大目标，是发挥自己潜能、提升自己解决问题能力的好方法。

　　（2）客观审视自己并加以完善。

　　要提升自己解决问题的能力，必须首先正视自己，看看自己哪些方面优势突出，哪方面还有不足。在需要改进的地方，主动想办法去改进。成功者往往都是那些了解自己并能正视自己的人。

　　（3）建立合理的思维方式。

　　要提升解决问题的能力，就要建立一种合理的思维方式。每个人都有自己固有的思维方式，它在解决问题的过程中，能决定你是不是能解决问题，是不是能高效地解决问题。

　　（4）勤于思考。

　　思考是快速成长的法宝。解决问题能力比较强的人都善于思考，喜欢在思考中寻找解决问题的方法，在思考中成长，在思考中领悟解决问题的快乐。他们解决问题的能力也在思考中得到不断的提升。

（5）做好一件事。

知道如何做好一件事，比对很多事情都懂一点皮毛要强得多。美国前总统吉米·卡特在得克萨斯州的一所学校演讲时，对学生们说："比其他事情更重要的是，你们需要知道怎样将一件事情做好；与其他有能力做这件事的人相比，如果你能做得更好，那么，你就永远不会失业。"

总之，如果你想在激烈的竞争中脱颖而出，想不断取得成功，就一定要让自己成为善于解决问题的人，做一个内行人。须知，你的核心竞争力源自你解决问题的能力。

02

懂方法，就不会做无用功

如果你是职场中人，你很容易就能发现，在工作中，有不少人由于没有掌握高效的工作方法，或者被各种烦琐的杂事纠缠着，以至于根本弄不清楚哪些事情是自己应该做的。这些人经常在做无用功，做事非常低效，所以工作了很多年收入依然不高。

其实人生在世，无论做什么事情都需要采用适当的方法。要知道，方法正确了事情就会做得非常顺利，并且能够收获很好的结果；如果方法不正确，则很容易把事情做得一团糟，甚至浪费了很多人力物力却依然徒劳无功。

懂得寻找正确方法去做事的人，是善于解决问题的人。那些善于解决问题的人，在做事之前，往往会先思考和寻找出更有效的方法，然后再去行动。所以，他们做事的效率会比别人高得多，也更容易做出优秀的成果。

有这样一则寓言：两只蚂蚁想要翻越一堵墙，到墙的另一边去寻找食物。其中一只蚂蚁来到墙角下以后，便马上开始往上爬。可是爬到一大半时，它因为累得不行而跌落了下来。但这只蚂蚁没有气馁，在每一次跌落后，它都会迅速地调整好自己，然后再重新向上爬。

另一只蚂蚁在仔细观察周围环境后，决定绕过这堵墙前往目的地。没过多久，这只蚂蚁就绕过墙，来到了食物面前，然后开始有滋有味地享受起了美食。另一只蚂蚁呢？它还在墙的那一侧不停地跌落，不停地重新开始往上爬呢。

这个小寓言告诉我们：绝大多数时候，找对方法要比盲目奋斗重要得多，虽然勤奋也很重要。在这个小寓言里，第一只蚂蚁不服输的勇气固然值得我们学习，但是在一次次失败后，是不是应该停下来仔细想一想，为什么一直不能成功，然后找出一个更能解决问题的方法呢？

事实上，事物发展的速度除了取决于勤奋、坚持和勇敢外，更取决于正确的方法。如果拥有一个正确的方法，那么发展的速度要比想象的快上许多。

从某名牌大学金融学院毕业的李克，成功进入一家国内很知名的证券公司上班。这让班里的同学羡慕不已，而李克每天工作起来也十分卖力。然而，三年之后，他依然只是一名普通员工，没有得到任何提拔。

为什么勤奋的李克没有获得老板的赏识和重用呢？问题主要出在李克的工作方法上。每一次，当领导布置工作给他时，他都会用百分之百的热情去对待工作，他会找到所有需要的数据一一进行分析，然后再进行大量的统计工作。

每天，他都在不停地忙着做统计和分析，如果遇到一项非常复杂的数据，他也会弄个清清楚楚。如此勤奋刻苦的精神是非常可贵的，可是最后的效果却并不明显。他就像是陷入各种统计数据中无法自拔似的。

时间一天天过去，他最终还是没能拿出一个切实有效的方案。一次又一次的低效工作，一次又一次地提供令领导失望的结果，李克当然就没有办法令公司重视，更不可能被领导青睐了。

勤奋刻苦的精神固然没有错，但是，用错误的方法去工作，必然会导致工作效率非常低下。虽然在工作过程中李克花了大量的时间和精力，可结果并没有和付出成正比。反观那些取得巨大成就的高效人士，他们就懂得做事方法的重要性。他们知道，只有采用正确的方法，再辅以勤奋，才能使结果更好，业绩更高。

爱因斯坦曾经提出过这样一个公式：$W=X+Y+Z$。其中，W 代表成功，X 代表勤奋，Z 代表不浪费时间、少废话，Y 代表方法。

通过这个公式我们可以了解到，正确的方法是成功的三大要素之一。如果仅仅只有勤奋，却没有一个正确的方法，还是难以获得成功。

在职场里我们常常能看到这样一个现象：某两位员工做着同样的工作，一位加班加点、整天忙得团团转的人工作成绩却很一般；而另外一位只利用上班时间就能完成任务，而且做出的成绩让老板很满意。

在工作过程中，在解决问题时，采用正确、合理的方法，往往能起到至关重要的作用，因为它能让我们避免许多不必要的忙碌，让我们少做很多无用功。做事低效所造成的隐形浪费其实是非常巨大的：原来只需要一个人去做的工作，结果却让两个人去完成，这无异于其中一个人是在做无用功；本该按计划完成的工作，却被反复地拖延，这同样也是做了许多无用功。

因此，我们要勤奋工作，更要用正确高效的方法工作。只有这样，我们才能提高自己解决问题的效率，才能尽量不做无用功，才能让我们以更快的速度迈向成功的彼岸。

03

没有解决不了的问题，只有不会用脑的人

在追求成功的路上，请相信没有解决不了的问题，只有找不到方法的人。正如美国的杰出演讲家、激励大师丹尼斯·魏特利所说的："如果你觉得你可以，你就可以。"

无论你想追求什么样的大成功，达成什么样的大目标，在追求目标的路上，都必定会遭遇或多或少的问题、挫折与困难。如果一遭受挫折就退缩，一碰到困难就放弃，一遇到问题就逃避，那么你就注定与成功无缘，永远也实现不了大目标。

遇到问题、挫折与困难，最正确的做法就是寻找解决的方法。无论多么大的挫折、困难与问题，只要你开动脑筋去想，你就有可能找到方法，即使你绞尽脑汁都想不出来解决的办法，你还可以寻找能帮你解决难题的人，助你化解困厄。事实上，绝大多数时候，没有解决不了的问题，只有不会用脑的人。

有一家公司公开招聘销售骨干，由于给的薪资条件、福利待遇都非常诱人，所以前来面试的人非常多。这时，负责招聘的人事部经理当场给所有面试者出了这样一道"题目"：把梳子卖给和尚，以一周为期，梳子销量前三

名的人会被录用。

试题一出，立即就有很多人大呼这事根本不可能，甚至有人当面骂用人单位不负责任，认为他们在耍人玩。然而，这其中也有三位敢想敢做的应聘者带着梳子去了寺院，准备按自己的方法去推销梳子。

一周以后，三个人一起回到公司。人事部经理问第一个应聘者卖了多少把梳子。应聘者回答道："卖了1把。"然后他讲述了自己卖梳子的经过：寺院里的和尚一听说自己是来卖梳子的，二话不说就拿起棍子把他打了一顿，并且把他赶出了寺院。浑身是伤的他委屈地坐在寺院外面，这时候，有个脏兮兮的小和尚一边挠头一边走过来，他趁机卖了一把梳子给小和尚挠痒。

第二个应聘者卖了10把梳子，他卖梳子的经过是这样的：他去的是一个名山古刹，游客很多，但是风也很大，所以很多游客的头发都被风吹乱了。这时候应聘者找到寺院的住持，说服他买自己的梳子，然后送给游客。住持最终被他说服了，向他买了10把梳子。

人事部经理问第三个应聘者卖了多少梳子。后者回答道："1000把！"经理大吃一惊，问他是怎么卖出去的，第三个应聘者说，他去的也是一所久负盛名的宝刹，朝拜者络绎不绝。于是他跟住持说："朝拜的人都是带着一颗虔诚的心前来的，宝刹应该有所回赠，住持您可以在梳子上写上'积善梳'三个字，然后回赠给前来朝拜的人。"住持听后大喜，立刻买了1000把梳子。听完第三位应聘者的推销过程，见多识广的人事部经理和在场的所有面试官都露出十分赞赏的神情。最后，这三位应聘者都被公司录用了，但第三位应聘者被公司委以了重任。

任何企业都希望招聘到善于解决问题的人，都希望公司里多一些将"不可能"转变为"可能"的员工。对于个人来说，想要实现自己的人生大目标，就一定要让自己成为那个将"不可能"转变成为"可能"的人。

1921年6月2日，《纽约时报》为纪念电报诞生25周年，发表了一篇

评论。该评论透露了这样一个信息：现在人们每年接收的信息是 25 年前的
25 倍。

在绝大多数读者眼里，这只是一条普通信息而已，看过之后便忘记了。
但是，一些喜欢思考的人抓住了话中隐藏的极具商业价值的信息。美国至少
就有 16 个人对这条信息做出了反应，他们准备创办一份文摘性刊物，并先
后到银行存了 500 美元，办好了营业执照。

当他们来到邮政部门要办理相关手续的时候却被告知，由于美国总统的
中期选举即将举行，所有的文摘性刊物暂时不能办理许可证，而且不知道什
么时候能开禁。听到这样的话后，其中的 15 个人立刻递交了暂缓执行的申
请，但是有一个人根本没有理会邮政部门说的那些话，他按照计划租了一间
地下室，并且和未婚妻一起糊了 2000 个信封，然后装上征订单便寄了出去。
很快，后来大名鼎鼎的美国《读者文摘》便诞生了。

据统计显示，到 20 世纪末，美国《读者文摘》拥有 19 种文字和 48 个
版本，畅销 127 个国家和地区，年收入 5 亿美元，并且在美国期刊排行榜上
稳坐第一把交椅。创造这个商业传奇的人名叫德威特·华莱士，他用实际行
动把"不可能"变成了"可能"。

如果你在遭遇问题、挫折、困难的时候，能像华莱士一样换一种角度去
看问题，而不是一味消极地逃避问题，能够看到事情好的一面，就能让自己
很快冷静下来，然后想方设法寻找解决问题的方法。

善于思考、敢于向困难挑战的人，在人才市场上始终供不应求；善于动
脑解决问题的人，更容易把自己培养成为一个善于解决难题的人。当你成为
一个很会解决难题的人后，你将拥有更多被机遇青睐的可能。

04

会解决关键问题，做"疑难问题专家"

在生活和工作中总会遇到各种难题，在解决难题、化解危机的时候，如果不能找到问题的关键点，就等于没有找到解决问题的方法。这种情况下，即使解决了再多表面上的问题，也还是治标不治本。唯有斩草除根，才不会春风吹又生。我们做事也是这样，要想事半功倍，就一定要学会解决最关键的问题，把时间和精力用在关键的地方。

1923 年，美国福特公司的一台大型电机坏了，公司里所有的技术人员都束手无策，公司只好请德国籍电机专家斯坦门茨来帮忙维修。斯坦门茨经过一番观察、研究和计算，然后用粉笔在电机上画了一条线，说："打开电机，把画线处的线圈减去 16 圈，问题就能解决。"

技术人员们按照斯坦门茨说的去做了，果然，电机马上恢复了正常运转。福特公司问斯坦门茨要多少酬金，斯坦门茨说："我不多要，只要 1 万美元。"他的话把在场的人都惊呆了，在当时，这可是一笔巨款啊。于是有人就问他："画一条线要这么贵吗？"斯坦门茨微微一笑，然后说道："画一条线值 1 美元；知道在什么地方画线，值 9999 美元。"最终，福特公司付给了斯坦门茨 1 万美元的酬劳。

只是画上一道线就要 1 万美元，为什么福特公司也照付不误？因为只有他才能发现问题的关键所在，所以他就值这个价钱。

当消息传到公司总裁福特先生那里后，福特决定出大价钱聘请斯坦门茨到自己的公司来任职。但斯坦门茨拒绝了。爱才心切的福特居然把斯坦门茨供职的公司买了下来，于是斯坦门茨最终还是成了福特公司的人。

想要更高效地达成我们的目标，想成为解决问题的高手，就一定要让自己成为善于解决关键问题的人，做善于解决"疑难问题"的专家。具体怎么做呢？在做一件事情前，先根据我们已有的认识、经验和条件做出一系列的判断。也就是说，找出解决这件事的关键点或矛盾点是什么。

如果我们不能凭借个人的力量去找出问题的关键点，我们可以请教专家或找朋友帮忙，千万不要在没有找到问题关键点的时候，就瞎干、胡干、蛮干。那些解决问题的高手在做每一件事情时都要找到其关键点。找到了关键点，就等于找到了解决问题的方法，于是问题也就迎刃而解。

1945 年，21 岁的匈牙利青年罗·道密尔到美国闯天下，当时他全身上下只有 5 美元。20 年后他却在美国工艺品和玩具业取得了巨大的成就。

来到美国后，通过自己的努力，他存下了一笔钱。到了 20 世纪 50 年代，一次机缘巧合之下，他买下了一家濒临倒闭的玩具公司。然后，他发现这家玩具工厂失败的主要原因是成本太高。于是道密尔想办法提高效率，从而降低成本。为了提高工人的工作效率，他规定：凡是工人工作时所用的工具、材料，都一定要放在最顺手且最容易拿到的地方。这样一来，工人们就不必再为等材料、找工具耽搁时间，这无形中节省了大家很多的时间。

不久，他发现工人叼着烟工作时，工作进度非常慢，而且很多工人都借着抽烟的机会偷懒。于是他又规定：在工作时不准吸烟，但每隔一个半小时，准许全体休息 15 分钟。这两项规定执行以后，在机器、人员没有增加的情况下，产量却增加了 50%。

道密尔还喜欢收购一些失败的企业来经营。他告诉朋友："别人经营失败的企业，我接过来后比较容易找出失败的原因，因为缺陷比较明显，只要把那些缺陷弥补好，自然就能赚钱了。这要比自己从零起步做一种生意省力得多，风险也小得多。"他还曾自豪地说过："我没有做过一笔赔钱的生意，也没有过一次失败的经营。"

道密尔的方法听来似乎很简单，可实际上很少有人能够说出这么自豪的话，因为无论是生产的改进还是对失败企业的收购，都需要足够的智慧和经验，去发现解决问题的关键之处。

如果你留心观察、分析和总结，你会发现，在工作和生活中，人其实都可以分为这样三类：第一类人是"制造问题者"。这类人成事不足，败事有余，是最不受大家欢迎的人，大家避之唯恐不及。当然，这类人在社会里所占比例很小。

第二类人是"解决一般问题者"。这类人平时表现得中规中矩，对于一般的问题都能轻松解决，但是对于难题还是束手无策。这类人在社会里占了大多数，他们也能创造绩效和利润，虽然单个来看并不显著，然而企业和组织要生存，就靠这些人了。

第三类人是"疑难问题解决专家"。这类人善于解决疑难问题，总能找到问题的关键然后加以解决。这类人在每个行业里都是凤毛麟角，往往能解决行业里一般人都束手无策的问题，能创造较大的利润和绩效。企业和组织如果想要有大发展，主要靠他们。

你属于哪一类人？如果你还不是第三类人，请努力成为这类人，也就是把自己培养成"疑难问题解决专家"，这样你未来无论在哪里都能找到自己的位置，体现出自己的价值，成就一番大事业。

05
善于解开难题中的"死结"

埃及胡夫金字塔由将近 260 万块巨石建造而成，每块巨石的重量至少有 2.5 吨，260 万块巨石的总重量至少有 650 万多吨。金字塔的外壁石块都精确地紧贴在一起，像利用激光切割的一样，虽然没有任何物质黏合，但却连锋利的刀片都插不进去。在平均边长 230 米的底座上，金字塔四边长度互相之间的误差率还不到 1%。现代建筑的一大难题"正直角技术"，却被古建筑大师们游刃有余地应用在了金字塔的转角建构上，并达到令人惊讶的"2 秒之微"的误差。

胡夫金字塔这样的建筑工程，即使使用当代最先进的土木技术去建造也很难完成。那么，在那个古老的年代，工人们是如何创造出这个奇迹的呢？他们是怎样解决这个连现代专家们都难以解决的"死结"呢？毕竟，金字塔就耸立在那里，那个技术"死结"确实被建造这个金字塔的古人解开过，虽然现在并没有人能解得开。

其实，在工作和生活中，每个人都会遇到一些自己解不开但总有人会解得开的"死结"。当然，你说不定也能解开一些别人都解不开的"死结"。在进行重要的工作时，我们最不想面对的，就是"死结"的出现。因为出现了

"死结"，我们的工作就很容易陷入困境，我们前进的路就会被堵住。不过，绝大多数"死结"，只要我们凭着一股"只要思想不滑坡，方法总比问题多"的精神，总能找到解开的方法。

柯特大饭店是美国加利福尼亚州圣地亚哥市的老牌大饭店。为了解决电梯超负荷运作的问题，老板准备改建一个新式的电梯。他重金请来美国一流的电梯工程师，请他们一起商讨该如何改建。

经过研究后工程师们一致认为，最好的办法是在每层楼都打一个大洞，在地下室里装一个马达，为酒店增加一部电梯。但施工期间，大饭店需要暂时停止营业。老板不同意暂时停业："饭店不能关，要是关上一段时间，客人们会以为我的大饭店倒闭了。所以一定要一边施工，一边继续营业。"

工程师们当然要听从老板的意见，于是探讨怎样一边营业一边施工。在大家商谈的时候，恰巧有一位正在扫地的清洁工无意中听到了他们的计划。清洁工担心地对他们说："要是每层楼都打一个大洞，那不是会弄得到处尘土飞扬吗？看上去也会显得很杂乱啊，这会影响饭店生意的。"

于是一位工程师对清洁工说："这样的事情是很难避免的，当然这会给你的工作带来很大的麻烦，到时候还需要请你多多帮忙啊。"

这时候，清洁工突然说道："为什么不把电梯装在酒店外头呢？那样不是可以省去很多麻烦吗？"在座的人听到这个建议后，全都眼前一亮，觉得这个方法非常不错。

于是，大家采纳了清洁工的建议，决定把电梯安装在酒店外。很快，这家大饭店就在室外安装了一部新电梯。把电梯装在大楼外面，在当时还是建筑史上的一项创举呢。

如果采用常规方法，饭店里到处打洞，尘土飞扬，声音嘈杂，怎么可能不影响生意呢？而如果关闭饭店，那么人们会以为这家饭店倒闭了，带来的损失将会更大。这个"死结"是怎么解开的呢？不是天才的工程师们，而是一个打扫卫生的清洁工。她只是提出了一个建议：把电梯安装在外面，就为彻底解决这个难题找到了突破口。可见，"死结"不是解不开，而是没有找对方法。

当代社会发展迅速，经常会有一些新生事物在短期内给人们带来翻天覆地的变化，但同时也给人们带来一些新难题，产生一个个新的"死结"。有些难题我们可能闻所未闻，所以认为是不可能完成的任务，从而陷入解决不了的困境。这个时候，我们一定要对自己有信心，告诉自己"一切困难都是纸老虎"，一切"死结"都能解得开，只要我们找到正确的方法。

有一家大型化工企业从国外引进了一条香皂生产线，这条生产线非常先进，可以自动完成从原材料到成品包装的一系列工序。然而，这条生产线有一个很大的缺陷：它有时候会把空盒子当成成品。

这家企业只好让生产线暂时停止了运作，并让生产线制造商解决这个难题。然而，制造商却告诉他们，这种情况是无法避免的。怎么办呢？总不能把没装入香皂的空盒子卖给顾客吧？最后企业高层决定，发挥集体的智慧来解决这个问题。

很快，企业成立了一个由专家和资深工人组成的团队，综合采用了机械、物理、微电子、自动化控制、X光探测等技术，花了几十万元，最终成功解决了这个问题。他们在生产线上安装了一套设备，恢复了生产，每当生产线上有空香皂盒通过时，探测器就能检测得到，然后一条机械臂会自动将空盒从生产线上拿走。

有一家民营企业也买了同样的生产线，也出现了同样的问题。老板发现了这个问题后大为恼火，找来了车间主任说："你想办法把这个问题搞定，不然这个月的奖金就发不出来了。"

车间主任在生产线旁边观察、研究和摆弄了半天，结果还真的让他想出了解决的方法。只见他在生产线旁边放了一台大功率的电风扇，对着从生产线上"流过"的盒子猛吹，生产线上出来的产品逐一在风扇前通过，空盒子自然就被吹走了，然后把空盒子收拾到一个筐子里就行了，整个"研究过程"没有花费老板一分钱。

我们不去讨论这两种方法孰优孰劣，因为从不同的角度去看各有各的优势。无论是高科技的团队，还是普通的职工，他们都解决了剔除空盒子的难题。这原本是生产线本身的设计缺陷，是一个很难解开的"死结"，但这两家企业各自用不同的方法都把它解开了，这都是一种成功。

我们在生活和工作中，也都会有面对"死结"的时候。当我们面前出现了一时解决不了的问题后，虽然难免恼火，但是静下心来找解决方法才是理智的做法。如果我们自己打不开，也要学会找能打开死结的人帮忙。请牢记：没有解决不了的问题，只有不会动脑的人。

06
面对困难时，比别人多拼一下

很多人都知道"愚公移山"的故事，很可能也曾为愚公坚持不懈的执着精神感动过。然而，当我们在工作、生活中遇到困难这座大山时，很多人都比不上愚公，因为往往是努力了一番后却不见什么成效，想了很久找了很多方法却依然解决不了问题。也许开始时我们还干劲十足，但最终我们还是退缩了。

在遇到困难时，最好的选择是端正态度，保持乐观，多尝试一些方法，如果自己解决不了问题，就去寻找"外援"，让懂的人来帮你解决问题。在困难面前，决不能退缩，而应该多拼一下，不找借口找方法，坚持把问题解决。当你能够专注于问题的解决时，你往往能够在山重水复中，见到柳暗花明。

没有人天生就能取得大成功，没有任何大目标可以轻轻松松达成。在面对困难和问题时，成功者往往选择多拼一下，而不是轻易退缩和放弃。他们会一个方法不行就寻找下一个方法，直到把困难解决。

一次，两位从美国来北京玩的游客在一家高档酒店的大厅里，对着陪同的导游大发雷霆，从她们的表情上看，她们内心应该是非常着急的，肯定发生了什么让她们很不满的事情。

这个导游刚入行不久，还没有遇到过类似的突发事件，一时间急得满头大汗，手足无措。最后，她只好向酒店前台的工作人员小美求助："小美，我实在没有办法了，你帮帮我好吗？"

对于这种本属于他人的事情，小美其实可以不管的。但她想，既然人家来到我们酒店，遇到了麻烦，即使和我没关系，我也应该想办法帮忙解决。于是，小美走上前去，问那两位美国旅客，究竟发生了什么事，有什么可以帮到她们的。

原来，这两位美国游客是姐妹俩，利用年假结伴来中国旅游。但是，就在她们走出机场后，却发现妹妹的手包不见了，两人的护照、信用卡、现金等重要财物都放在里面呢。如果丢了的话，她们就不能在中国旅游了，而且还会造成很大的损失。

小美听完后，一边安慰着这姐妹俩，一边详细询问了手包的颜色、大小、形状等。此时，小美注意到姐妹二人已经很劳累了，便帮助她们开了一间房，让她们先进去休息，然后让服务员送饮料给她们喝。这姐妹俩对小美十分感激，心踏实了不少。紧接着，小美又根据客人乘车发票上的信息，拨通了出租车公司的电话。但经过对方的查找，并没有发现手包的踪影。

小美并没有放弃，而是继续想办法。她估计手包也有可能落在了机场。于是，她连忙和机场相关部门取得了联系。然而，寻遍了整个机场，还是一无所获。

两个最有可能的地方都没有找到，说明手包很可能彻底丢失了。不过小美还想再努力一下，于是她反反复复回忆着旅客提供给她的线索。突然，小美想到，这姐妹俩曾经抱怨过说出机场的时候，门口的人又多又挤，此时她又有了新的猜想，手包的扣环很可能是这个时候被挤掉的。于是，小美立即拿起电话拨通了自己所工作的酒店设在机场大厅的接待台的电话。幸运的是，好消息传来了：手包已经被机场工作人员捡到并交上来了。

姐妹俩看到手包失而复得，激动异常，她们对小美说："太谢谢您啦！中国姑娘真棒啊！"不久之后，小美便从一个小小的前台服务员当上了领班。

也许对很多人来说，当遇到案例中的情景时，都会客气地打几个电话帮忙问问，但没见成效之后也就放弃了。但是小美却没有这样做，她选择了多拼一下，多想一下办法。经过不懈的努力，她最终圆满地解决了困难。

其实每个人身上都潜藏着巨大的能量，但我们发挥出来的还不到十分之一。为什么会这样呢？因为我们一开始就没有多拼一下、多找找办法的勇气和魄力。如果我们改变一下，当问题与困难到来时，我们不逃避、不放弃、不找理由搪塞，而是多拼一下，多找找方法，那么问题和困难很可能就被我们顺利解决了，而我们也会因此受益。

已经去世的王永庆曾是"台湾首富"。在他生前，有位年轻学生问他："您觉得要取得成功，是勤奋重要还是运气重要？"王永庆是这样回答的："我用一生的勤奋证明了我比别人的运气好。"

如果你能够为了成功而在困难面前比别人"多拼一下"，多找找办法去解决困难，你就能发现，成功离你其实只有一步之遥。事实上，那些看似"很困难"的事情，有时候只要你能"多拼一下"，多找几个方法，再多一点冲劲，完全可以解决。

在这个世界上，没有哪一份工作是毫不费力就能做好的。当我们遇到那些看起来难到无法完成的任务时，我们一定会感受到巨大的压力。但如果你能够迎难而上，在困难面前多拼一下，多找一些方法，你就会惊喜地发现，你解决困难的能力获得了提升，你坚持不懈的意志得到了磨炼，这些都是非常宝贵的收获。

07

擦亮双眼，把问题消灭在萌芽状态

从某个角度来说，工作就是解决问题，努力去达成某个大目标也是在解决问题，追求成功的过程同样是在解决问题。如果你是一个善于解决问题的人，就一定能胜任你的工作，就一定能赢得上司的重用。如果你是一个解决难题的高手，那么你要达成大目标，也只是时间问题。如果你还是一位能解决"疑难杂症"的专家，那么你去哪里都会非常受欢迎，都会被尊为"座上宾"。

不过，能够解决问题、处理麻烦固然是非常了不起的事，但是，如果能够善于发现问题，甚至在问题尚处于萌芽状态就发现了，就更了不起了。因为在问题还在萌芽状态时，一旦及时发现，可以花很小的代价就解决。所以，我们希望你既拥有解决各种难题的能力，又拥有迅速发现问题的锐利双眼。

善于发现问题的能力关键在于思维反应超前，能充分掌握主动权，把可能遇到的困难和问题消灭在萌芽之中，避免它们给我们的工作带来不必要的损失，避免它们成为我们追求成功路上的绊脚石，同时还能帮助我们有效地节省时间、人力、物力等。

在工作场所里，有太多人就像是温水里的青蛙，只知道按部就班、满足于现状地做工作，对待问题则是"兵来将挡，水来土掩"。如果发现领导对此有意见，这类人要么装作没听到，要么为自己找一些理由甚至借口开脱。如此一来，自己解决问题的能力不但得不到提升，工作效率也会低很多。

切记，问题会随着工作的进展而不断地发生改变，暂时没有发现问题并不代表没有问题。很多时候，一个始终得不到解决的问题足以导致我们的工作向更糟糕、更严重的方向发展。因此，与其"亡羊补牢"，不如事先就固牢羊圈，不给狼有可乘之机。

那些杰出人士和成功者们往往都能高瞻远瞩，懂得未雨绸缪，善于充分发挥自己的智慧，去努力发现工作中潜在的问题，然后认真思考这些问题，以便用最快的速度找出解决问题的有效方法，使问题还没有更糟之前就被解决。

前"世界首富"约翰·洛克菲勒年轻时曾在一家小石油公司的生产车库做一份简单枯燥的检查工作——当装满石油的桶罐通过传送带输送至旋转台上时，焊接剂从上方自动滴下，沿着盖子滴转一圈，然后下线入库。洛克菲勒的任务就是注视着这道工序，查看生产线上的石油罐盖是否自动焊接封好了。

没过几天，洛克菲勒就厌烦了这份工作，他想辞职，但苦于一时半会儿也找不到别的好工作，只好继续坚持着。闲来无聊时，他就数焊接剂的滴数，他发现，罐子旋转一周，焊接剂一共滴落 39 滴，然后焊接工作即告结束。

数了几天之后，洛克菲勒发现其中的一道工序，其实并没有必要滴油，也就是说，焊接工作只需要 38 滴油就够了。经过反复试验，他发明了一种只需 38 滴油就可使用的机器，并将这一发明推荐给了公司。

老板非常高兴，然后做出了一个惊人的决定：聘用洛克菲勒为这家公司的高管。很多人非常不服气，找到老板说："那种只需 38 滴油就可使用的机器，我们也能做得出来，你为什么单单提拔了洛克菲勒呢？"

老板认真地说："因为洛克菲勒是第一个发现只需 38 滴油就可以的人，而你们并不是！"可别小看了这 1 滴油，它每年能为公司节省 5 亿美元的开支！

做一个善于发现问题的人，不要在问题出现后才站出来解决问题，而要将问题消灭在萌芽状态，在问题刚刚露出苗头时就扼杀掉它，不使它成为我们发展壮大过程中的羁绊。

只有善于发现问题，才能解决更多重要的问题，才会使自己的做事效率不断提高，尽量把事情做到最好，帮助自己更快地成长，让我们更容易收获我们想要的成果，更懂得怎么样去实现我们想要的目标，更快地赢得我们想要的成功。

第 九 章

Chapter 9

职场突围：
再努力也只是加分，成功等于不可替代

01
应变力越强，收获越大

　　21世纪的三大主题是："变化、速度、危机。"它们与每个人息息相关。我们每天都会面对或大或小的变化，只是有些人对大变化敏感，对小变化不注意而已。当今这个时代，在各行各业都能感受到速度的力量。例如，知识、观念、技术等的更新速度比以往快了很多倍；互联网、电子产品等行业更是飞速发展。如果不保持成长和进步，很可能就跟不上发展的步伐了。

　　谁都有可能遭遇危机，但因为应对危机的方式不一样，所以结果也不一样。有些人会在危机到来时一筹莫展，有些人会从容应对危机，有些人甚至能化危机为转机，收获机遇。

　　1850年，全美国人民都知道了这样一个消息："美国西部发现了大片金矿。"于是，那些怀揣着发财梦的人，拖家带口纷纷涌向西部，开启淘金之旅。

　　在淘金队伍里，有一个21岁的年轻人，名叫李维·施特劳斯。一路上，他也和其他人一样做着淘到金子发大财的梦。然而来到旧金山后，看着多如蚁群的淘金者和一望无际的帐篷，李维·施特劳斯的发财梦瞬间碎掉了。当然，他还是决定留下来，碰碰运气。留下来就不能无所事事，是和大家一起去淘金，还是另觅赚钱的方法呢？思考之后，他决定放弃淘金，寻找别的赚钱门路。

他琢磨，想在这里真正赚到钱，从沙土里淘金是不太可能的，因为即使这儿的沙土里埋了很多金子，也不够这么多人来淘。他变换思路，把目光放到了那些淘金工人的身上，他觉得从这些人身上也许能"淘"到"金子"。他很快便开始行动，用身上所有的钱，办了一家专门卖淘金工人所需日用百货的小商店。

过了一段时间，小商店帮助他拥有了一笔积蓄。为了增加利润，他又把这些资金都投入进去，扩展业务。由于淘金者众多，用来搭帐篷和马车篷的帆布也很畅销，他便乘船去购置了一大批帆布，运到淘金工地。可没想到的是，采购的货物刚一下船，小百货日用品就被抢购一空，但帆布却无人问津。

有一天，李维·施特劳斯看到一位淘金工人向商店走来，就赶紧迎上前去拉住这位工人的手，热情地问对方是不是来买帆布搭帐篷的。但对方摇摇头说，他不需要再建一个帐篷，反而需要买几条裤子。看到商店里没有裤子卖，工人希望李维·施特劳斯下次进货时能带一些回来。

"裤子？为什么要带裤子来？"李维·施特劳斯大感惊奇。"不耐穿的裤子对挖矿的人来说一钱不值，"这位淘金工人唠叨道，"现在矿工们穿的裤子都是棉布做的，不耐穿，很快就会被磨破。"李维·施特劳斯听了之后，若有所思。这时，淘金工人忽然建议："如果用这些帆布做成裤子，既结实又耐磨，说不定很多人都会买。"

工人走后，李维·施特劳斯认真思考了工人的话，觉得很有道理。如果把这些帆布加工成裤子，这些帆布不就可以全部卖出去了吗？他决定试一下，于是找回这位工人，把他带到了裁缝店，用帆布为他免费做了一条裤子。

很快裤子就做好了，这位工人穿上结实的帆布工装裤后很兴奋，逢人就夸赞"李维氏裤子"。这条裤子远远比别的裤子结实，再经过这位淘金工人的宣传，这条裤子便变得神奇无比了。于是，淘金者们纷纷前来询问，李维·施特劳斯当机立断，把剩余的帐篷布全部加工成了工装裤，结果很快便被工人们抢购一空。

狠狠大赚了一笔后，他马上便有了专门给淘金工人生产这种"李维氏工装裤"的念头。说干就干，他把百货店转让了，然后用手上的钱开了一家叫"李维·施特劳斯"的服装公司。他以淘金工人为对象，开始大批量地生产和销售这种既结实又耐磨的工装裤，果然生意非常好。

不过，李维·施特劳斯很快就发现，帆布虽然结实耐磨，但它不柔软，穿在身上不是那么舒服；在样式上工装裤比较单调而且肥大不得体。李维·施特劳斯以特有的商业敏感性，开始改进工装裤的面料和样式，成为后来牛仔裤的雏形。经过不断地改进与推广，牛仔裤不但在淘金工群体里畅销，还逐渐在全美的年轻人里热销。后来，牛仔裤成为风靡全球的服装。这就是现在世界上很多人都爱穿的牛仔裤的来历。

哈佛商学院教授罗莎贝斯·莫斯·坎特尔说过："事业有成的人善于变化，懂得将自己和同伴调整到某个新方向，从而争取到更大的成功。"面对危机与困难，李维·施特劳斯发挥了自己强大的应变力，积极适应变化，针对市场需求，努力创新，从而"淘"到了大"金矿"。他通过牛仔裤创富的故事启示我们，应变力有多强，收获就有多大。

俗话说："识时务者为俊杰。"世界总在不断地变化着，只有识时务者，才能很好地应对变化。世上唯一不变的就是变化，只有不断提升你的应变力，才能避免陷入"不是我不明白，是这个世界变化太快"的危机之中。如果你不想被变化的世界所淘汰，就要不断提升你的应变力，以变化应对变化。

02
突破思维定式，拒做经验的奴隶

　　每个人都或多或少地被从小到大形成的某种思考模式影响着，所以在思考问题的时候，往往有着自己很习惯的思维定式。这些模式能如此根深蒂固，其实都因为自己的经验。

　　如果世界不是不断发展变化的，那么我们固守着习惯的思考模式与思维定式，凭借过往的经验，就可以让自己一辈子生存得很好了。但令人遗憾的是，世界每天都在变化，我们在遇到新问题时，原来的思考模式和经验很多时候已经解决不了新问题。

　　正如一位职场专家所说的："在工作中经常能遇到意想不到的事情，这时候一定要打破常规的思考方式，找到解决问题最简单、有效的方式。"

　　其实很多人也都知道更新思考模式、突破思维定式的好处，但却不敢改变，因为这在一定程度上是对自己过去认知与经验的一种否定，否定自己是需要勇气的。其实，换一个角度考虑，改变过去并不是否定过去，而是使自己更加完善，更能适应现在和未来。换一家餐馆吃饭不但同样能让你吃饱，还能让你尝到更多口味不同的食物。所以，面对新事物、新变化、新问题甚至新危机，我们一定要懂得突破思维定式，拒做经验的奴隶，用新的思考模式去解决新问题，甚至做出创新性的东西。

著名的服装品牌皮尔·卡丹的创始人皮尔·卡丹年轻时曾一贫如洗，甚至连一件像样的衣服都没有。当学徒期间，皮尔·卡丹就已经醉心于时装设计了。这期间，他不但能认真做好本职工作，还经常虚心向前辈们求教。他喜欢把学到的知识融进自己对时装的设计制作里。年轻人的大胆、对未来的冲劲再加上他的天赋，使他在脑子里迸发出了一系列新点子。于是，他不断地翻新着自己服装设计的花样，很快就在当地小有名气。后来，甚至一些达官贵人家的太太、小姐都会指名让这个年轻的学徒给她们设计、制作衣服。

当他觉得可以"出师"的时候，便独自去了巴黎，准备在这个"世界时装之都"闯出一片属于自己的天地。

在巴黎，28岁的他创立了自己的公司。在竞争激烈的时装之都，皮尔·卡丹的公司简直可以算是富豪区里的贫民窟，除了一身手艺，外部资源几乎全不具备。

不过他天生就是一个喜欢挑战的人，越是不可能的事越要做，而且还要做到最好，从来不相信有别人能做到而自己却做不到的事情。经过一番努力，皮尔·卡丹凭借设计大胆、风格独特且价格适中的女性服装，很快就有了属于自己的一块市场。

随着时间的流逝，他的市场越做越大。到后来，皮尔·卡丹还把目光投向了男性服装。凭借着他创新性的设计风格，做出来的男性服装，也非常受欢迎。如今，皮尔·卡丹已是享誉世界的国际服装大品牌。

皮尔·卡丹的成功启示我们，一个人想要取得成功，不在于资金是否足够多，而在于突破思维定式，根据市场的新特点，提供创新性的产品。如果皮尔·卡丹还是像老裁缝们那样去思考问题，用老经验去设计制造人们熟悉的服装款式，又怎么可能在巴黎立足？同理，如果我们总是用同样的思考方式去思考问题，那么碰到一个新问题时，怎么去解决？很多时候，只有善于打破常规，突破思维定式，拒做经验的奴隶，才能具有长久的竞争力。

很多时候，那些能突破思维定式的人，往往是那些敢于创新、标新立异的人，或许他们在短时间内会让身边的人觉得无法接受，但时间会证明一切，世界也会因他们的创意而改变。

有一家牙膏生产企业的业绩呈下滑趋势已经很长一段时间了。老板对此非常苦恼，但想了很久都想不出一个有效的解决办法。于是他把大家都召集起来开会，希望有人能想出一个好方法，于是员工们一个接一个地发表自己的想法。虽然想法很多，老板还是没听到切实可行的解决问题的方法。这时候，轮到一位年轻主管发言了，没想到他说的第一句话就让老板有点生气，这位主管说："我有办法，但如果我的办法很管用，您能奖励我10万元吗？"

老板不高兴地问他："为什么啊？我每个月都按时给你发薪水，让你出个主意为什么还要另外给你钱？"年轻主管回答道："我有急用。如果我的主意真的很管用，您能答应我吗？"老板说："你先说说看！""我的主意是，将现有的牙膏开口直径扩大一倍。"

老板问："为什么要这样做呢？"年轻主管说："因为牙膏开口直径扩大一倍，人们在每次使用牙膏时，所用的量就会比之前多一倍，这样买牙膏的频率就会提高一倍，我估计业绩也会提升一倍。"老板一听，顿时觉得这个主意很不错，于是赶紧落实。事实证明，这位年轻主管的建议很棒。于是老板奖励他10万元。

当今社会，想要在激烈的竞争中站稳脚跟、顺利发展，就一定要懂得适应变化和追求创新。创新从哪里来？从更新思考模式、突破思维定式、拒做经验奴隶中来。事实证明，一个善于打破常规的人，不但能实现自己的人生价值，还能给团队带来可观的效益。切记，只有适应变化、与时俱进、懂得创新，才能让自己立于不败之地，才能在竞争中取胜。

03

成为创新型人才，做事业赢家

如果你想成为事业上的赢家，就一定要让自己成为创新型人才。戴维·赫西在《创新的挑战》一书中写道："创新是工作中的新思想，它可能是简单地优化某个流程，也可能是攻占一个复杂的全新市场。"

创新是一种积极思想，它源自我们对本职工作的热爱。只有热爱工作，我们才能不断涌现出新创意、新想法，我们的头脑才会越来越灵活好用。利用创新的力量，我们能在更短的时间内做出更好的成绩。

彼得森创办了一家戒指公司。为了在竞争激烈的市场中打开局面，他开动脑筋，努力寻找突破口。琢磨一番后他明白，想要让自己的戒指有一个好销路，就必须要设计出有创意、有特色的戒指。经过一番考察后，彼得森决定在订婚戒指图案的设计上动一番脑筋。

他认为，象征着爱情的首饰多数都以心形构图，这已被广大消费者接受和熟知，很没创意，自然很难让人眼前一亮。只有让人看到后有惊艳的感觉，才算是做出了突破性的创新。所以，他虽然也用心形来做基础构思，但在构图的表现方法上面，彼得森却独具匠心。他将宝石雕成了两颗心互相拥抱的形状，以此表现出"心心相连"的浪漫寓意。接着，为了表现爱情的纯洁，他又用白金穗铸成两朵花托住宝石。

接着，他又在两个白金穗上设计出了一个男婴和一个女婴。男女婴儿手里牵着挂在宝石上的银丝线，寓意新郎、新娘未来家庭美满幸福。那条男女婴儿牵的银丝线更是独具特色，银丝线上有很多手工镂刻出的皱纹，皱纹的数目能够随意增减。这个设计，是为了方便购买者，让他们可以利用皱纹来做记号，比如男女双方的生日、订婚日期、结婚年龄或者其他私人秘密。

彼得森设计的这款富含创意的戒指，让人一见就眼前一亮，所以非常受欢迎，几乎每对新婚夫妇都对它赞不绝口。就这样，彼得森的生意越来越好，很快从同行里脱颖而出。

彼得森并没有满足于暂时的成功，他不断地探索新的戒指生产工艺，并在 1948 年发明了镶嵌戒指的"内锁法"。1948 年的一天，一位富商慕名而来，拿出了一颗硕大的漂亮蓝宝石，要彼得森镶嵌出一个与众不同的戒指，并且最好能使蓝宝石得到很好的展现，商人想将这枚特殊的戒指送给自己的女友。

这颗宝石充分激发了彼得森的灵感，他在戒指图案的设计上，并没有花太多心思，而是在宝石的镶嵌方式上进行了创新。他用金属将宝石托了起来，这样宝石仅有一小半被遮盖，而商人的要求就是尽量展现出宝石来。

正是这一次的设计创意，使得"内锁法"这种钻戒行业中的经典加工方式，被彼得森创造了出来。利用这种方法制造的钻戒，其宝石的 90% 都能暴露在外，只是掩盖了底部的一点点面积。于是，彼得森再次声名远扬。

采用"内锁法"设计加工出来的戒指，一经上市，便立刻得到了消费者们的喜爱。彼得森还给这项发明申请了专利，当珠宝商们竞相购买这门工艺技术时，他又赚到了一笔可观的技术转让费。

过了几年，彼得森又发明了"联钻镶嵌法"，就是将两块宝石合二为一做成首饰。通过这种工艺手法，能够使一克拉的钻石看起来像是两克拉那么大。这一工艺手法的发明创新，立刻在同行内引起了巨大的轰动。珠宝商们纷纷向他购买技术转让费，而消费者们则对这种戒指形成了抢购态势。

利用自己聪明的头脑、大胆的设想、令人惊艳的创意以及划时代的工艺手法创新，彼得森最终成为世界闻名的"钻石大王"。

彼得森设计的戒指之所以能大卖，靠的就是令消费者喜欢的设计创意，以及对戒指制造工艺进行的具有划时代意义的发明创新。这就是创新的力量。

总之，无论在任何时代，无论身处哪个行业，都要培养自己的创新意识，锻炼自己的创新思维，多实践，多总结，多挑战那些看似不可能的事，以创新开创自己的美好未来。

04
懂得打破常规，开辟你的"蓝海"

我们发现，一个好的方法往往是与众不同、另辟蹊径、富有新意的，也多半是别人想不到或者想到了却做不到的。这时候，如果你想到并且做到了，你就能在竞争中胜出。

章华在某企业的推广部上班。每天，章华的工作就是想方设法打出效果最佳的广告，让企业产品的知名度最大化。很多人都知道，现在的消费者已经越来越没有耐心听你介绍产品，所以常规的广告形式已经很难引起消费者的注意。因此，他一直在琢磨该用一种怎样的新颖方式，让自己公司的产品"闪亮登场"。

有一次，章华在公司附近的一家比萨店里用餐，突然被装比萨的盒子吸引住了。他注意到，比萨盒子上有很大的空间，完全可以好好地利用一下，现在不少人都爱吃比萨，在这种非传统载体上做广告的话，效果一定会非常好。

于是章华在比萨盒上给自己公司的产品做了广告。果然不出他所料，效果非常好，公司产品的销售业绩上了一个台阶，产品知名度大大提高。章华也因为这一创新性的做法，被提升为推广部副经理。

一条路，如果别人都在走，你若不是最前面的几个领路者，而只是跟着走的话，肯定走不了多远；如果一条路少有人走，而你敢于开路，去做第一拨甚至第一人，即使你在实力上不是最强的，也会比落在你身后的其他人更有优势。

这就是所谓的"红海"与"蓝海"的区别所在。"红海"代表了竞争激烈的市场，里面已经有非常多的人在争夺市场份额；"蓝海"代表的是几乎没有竞争对手的全新市场，只要你是最先进入这块市场的人，你就有更大机会吃到最大的那块"蛋糕"，抢占到最大的市场。怎样开辟你的蓝海？靠的就是打破常规，想他人想不到的创意，做他人做不到的创新，走别人不敢走的路。

有一次，美国哈佛大学在中国进行招生考试。第一轮笔试结束后，有30名学生成为了候选人。第二轮是面试。到了面试的那一天，30名学生及其家长聚集在上海锦江饭店，等待面试。

待主考官劳伦斯·金在锦江饭店的大厅一现身，这些学生和家长便立刻围了过去。考生们都在用熟练的英语向他问候，有的甚至还迫不及待地向他做起了自我介绍。

但有一名学生不知道是站起来晚了，还是什么别的原因，总之他没有第一时间围在劳伦斯·金身旁，而是一眼就看到了被众人冷落在一旁的劳伦斯·金的夫人。于是他主动走向前去和她打招呼。他没有做自我介绍，也没有打听面试的内容，而是跟劳伦斯·金的夫人用英语聊了聊天，比如问她对上海的感觉如何，习惯吃中餐吗，诸如此类。当劳伦斯·金被围得水泄不通、不知该如何招架时，这名学生与劳伦斯·金的夫人却在大厅的一角聊得非常愉快。

这名学生在30名候选人里成绩并不是最好的，可是最后却被劳伦斯·金选中了。这其中，劳伦斯·金夫人的推荐应该起到了很大作用吧。

不走寻常路，才可能有不寻常的理想结果。在某些关键时刻，我们有必要换一种思路去"单独行动"，而不是"随大流"一起挤一个门槛，争一个位置。尽管自己走的可能是"独木桥"，会有风险存在，但由于只是自己一个人走，难度必然大大降低，由此，"独木桥"也就成了"阳关道"。

金燕是一家数码家电制造企业的业务员，在企业里她的销售业绩一直名列前茅。为什么她能把业绩做得这么出色？这与她与众不同的销售技巧密切相关。数码家电产品如今在市场上可谓是琳琅满目，供大于求，如何能在众多产品中让顾客选择你的产品呢？如果不采用"蓝海思维"寻找新方法，在销售过程中进行必要的创新，恐怕是不行的。

对于数码商品的选购，消费者普遍存在一种"占便宜"的心理。为了迎合消费者的这一心理需求，许多公司在销售产品的过程中，都打出了降价、甩卖的招牌。但金燕却不这么干，虽然消费者热衷于廉价的商品，但也很看重产品质量。

所以，金燕决定打破常规，不以价格"诱惑"顾客。当别的业务员都在热衷向顾客介绍说"某某产品原价多少、现价多少、打了多少折"的时候，金燕却对顾客诚心推荐产品本身，包括产品的原料、研发投入、生产费用等，以此向顾客表明，她推荐的产品质量过硬，可以放心使用。

当所有竞争对手都在用某个方法去销售产品时，尽管他们用的方法是经过现实检验的好方法，我们也要慎用。因为使用大众的方法就意味着他们已经陷入"红海思维"里。这时候你需要采用"蓝海思维"指导自己，让自己用和他们都不一样的方法。即使两个方法拿出来比较时，你的方法不如他们的，但由于他们都在用那种方法，已经让顾客们感觉没有任何新意了，反而你的方法很吸引顾客的关注。

总之，想要让自己在竞争中胜出，就一定要学会打破常规，更新你的思考模式，独辟蹊径，用蓝海思维指导你去追求你的成功。当你熟练地运用这种思考模式后，你会发现，你不但能在竞争中很容易成为赢家，还很容易达成一个又一个小目标，累积成一个又一个大目标。最终，你便成为创造了无数奇迹、取得了巨大成功的人。

05

不更新就会被淘汰，法拉利也不例外

　　相信很多人都知道法拉利这个豪华跑车知名品牌。很多男孩子都曾经梦想过将来能拥有一台法拉利跑车。虽然这种梦想绝大多数人都不可能实现，但这也说明了"法拉利"这个词有时候在年轻人心目中就是超级跑车、豪华、速度与激情的代名词。

　　然而 20 多年前，法拉利也曾濒临破产。当时，为了让法拉利汽车公司从危机中走出来，法拉利董事会任命蒙特兹莫洛为 CEO。1991 年 11 月，蒙特兹莫洛走马上任。很快他就发现了法拉利陷入困境的原因：一味沉浸在过去的辉煌里，看不到自己的缺点；只崇尚速度，却没有跟随市场需求的变化，提升汽车的其他性能。

　　当年，法拉利创始人恩佐·法拉利在设计法拉利赛车时，提的唯一要求就是"速度"。尽管对速度的追求，让法拉利贴上了与众不同的标签，但是其局限性也非常明显：一般驾驶法拉利或者对法拉利感兴趣的，只是那些喜欢飙车的年轻人和以赛车为业的职业赛车手。这是法拉利销量在当时不断下降，市场份额不断萎缩的主要原因。

　　发现问题的根本所在后，蒙特兹莫洛明白，想让法拉利起死回生，就必须让公司所有人都从过去的光环中走出来，看到自身发展的缺点，迅速调整公司的发展路线。为了"对症下药"，他进行了一系列改革。例如，他改变了法拉利过去的传统营销理念、产品设计理念，开创了全新的促销方式，面向广大中产消费者推出了价位相对更低、舒适度更高的普及型跑车。经过一番大刀阔斧的改革，蒙特兹莫洛终于把法拉利从濒临破产的泥潭里拉了回来。又经过了一段时间的创新性经营，法拉利不但摆脱了危机，还迎来了红红火火的销售局面。

不更新就会被淘汰，即使像法拉利这样全球驰名的企业，也需要遵循这一规律，也要与时俱进。对于我们每个人来说，告别过去的荣誉，更新自己的知识储备和技能，才能保持竞争优势，避免落后与被淘汰。

无论你身处什么样的位置，都要适时更新技能和观念。有些人刚参加工作时，工作很卖力，表现很优秀，业绩进步很快。但是时间一长，就停在了舒适区，不愿意继续成长，不愿意主动适应新的变化，新的需求，结果做不出新的成绩，甚至还被后来的新人超越。最初的任何成绩，如果不能适时放下，就有可能成为你今后人生发展的负担，阻碍你事业的进一步发展。

大学时主修计算机应用的阿段，进入职场后在公司里主要负责软件开发工作。公司当初在众多应届毕业生里选中阿段，看中的是他的专业知识、技能和发展潜力。

自从入职，阿段在工作上就很认真，每天按时上下班，对于上司交代给他的事情，也能高效完成。然而工作一年后，阿段虽然没有犯什么过错，但也没有做出什么突出的成就，总之就是差强人意。刚来到公司上班的时候，阿段就发现自己的好几个同事私下里都在学习。他们恶补知识的劲头并没有感染阿段，因为在阿段看来，自己所学的技能已完全能够胜任现在的工作。现在，他发现这几个平时爱学习的同事都得到了晋升，他却还是在老位置。

这时他突然意识到：想要做出突出的成绩，获得升迁的机会，必须要靠"更新"自己。他知道，只有不断补充学识、更新自我能力，才能适应公司发展的需求，形成自己的核心竞争力。公司里人才济济，自己所学的那点知识根本不足以让自己保持优势。职场是优胜劣汰的，自己停止了学习与成长，不被淘汰就不错了，居然还想着被提拔，这让他内心有点羞愧。于是，在工作之余，他也开始了有针对性的学习。

他积极参加了公司里举办的以及外面举办的各种技术培训。几年后，他也成了技术方面的专业人才，并不断做出让公司惊喜的成果。最近，阿段在寻求出国深造的机会，他知道，自我更新和提升，是不能停止的。想不被取代，唯一的方法就是不断成长，为不确定的未来做好准备。

无论我们的学历有多高，之前取得过多么出色的业绩，都要不断主动学习与成长。无论社会里还是职场中，竞争都无时不有，无处不在，当你发现自己已经落后于他人时，就更应该抓紧时间"进补"，以应对不确定的未来。只有那些既能将手上的工作做好，又能不断提升自己的人，才会拥有更大的发展空间。

06
应对不确定时代的良方: 创新与改变

我们生活的环境每天都在发生着变化,在我们身边,有很多人和很多事是确定的,但也有很多是不确定的。那些不确定的人和事,很可能会给我们带来很大的打击和伤害。所以,我们要学会未雨绸缪,主动采取措施保护自己。例如,在职场上,为了应对不确定,一定要不断学习和成长,持续提升自己的个人竞争力。当我们能够学会变通和创新时,就能在不确定的时代里,化被动为主动。

在不确定的时代里,不创新,就意味着将被淘汰出局。因为缺乏创新,所以创造力消失了;因为缺乏创造力,所以好产品消失了;因为缺乏好产品,所以顾客消失了;因为缺乏顾客,所以业绩消失了;因为缺乏业绩,所以就被淘汰了。如果不想被淘汰出局,就必须学会创新。

谁率先创新,谁就将率先成为赢家。不断变革,不断创新,是一个企业永葆生命力的最可靠保证,也是一个人在竞争中脱颖而出的最强大武器。创新带来业绩,创新提升效率,创新创造价值。

有些人觉得创新离自己很远,其实只有少数创新是惊天动地的创举,大多数则是平常人都能做得到的,因为很多创新只不过是从平凡的事物里找出

了具有独特价值的东西。那些善于创新的人，其实也是从生活和工作中的
"小事情"获得灵感，然后迅速尝试，才做出了具有创新意义的好结果。

20 世纪 50 年代，日本东芝电器公司生产的一大批电扇卖不出去，全部
积压在仓库里。为了把这些电扇卖出去，上至公司高层下至 7 万多名员工，
每个人都费尽了心思，想了很多方法，这些电扇还是没卖出去几台。

如果这些电扇卖不出去，公司很可能就要倒闭了。所以大家尽管一筹莫
展，但依然还在想着可行的办法。有一天，公司里的某位小职员向公司高层
提出了这样一个建议：改变电扇的外观颜色。当时市面上销售的电扇外观颜
色都是黑色的，东芝公司的电扇也不例外。这个小职员建议把黑色改为浅颜
色或其他一些颜色。这一建议很快被公司采纳。

第二年夏天快来时，东芝公司便推出了一批浅蓝色的电扇，结果大受消
费者欢迎，并迅速掀起了一阵抢购热潮，几个月内卖出了几十万台。从此，
全世界的电扇都变得五颜六色了。

只是改变一下颜色，就创新出了一种面貌全新的产品，从而掀起了一股
销售狂潮，带来了巨大的经济效益和社会效益。而提出这一设想，既不需要
渊博的科学知识，也不需要有丰富的商业经验，为什么东芝公司的其他人并
没有想到，或者没有提出来呢？为什么日本和其他国家的成千上万家电器公
司，在以往长达几十年的时间里，竟都没有人想到，没有人提出来呢？

因为自从有了电扇，电扇的外观颜色就是黑色的。虽然谁也没有做过这
样的规定，但它在漫长的时间里已逐渐让人们形成一种印象，似乎电扇就只
能是黑色的，不是黑色的就不能称其为电扇。这样的刻板印象嵌在人们的头
脑中，便成了一种根深蒂固的思维定式，严重束缚了人们在电扇设计和制造
上的创新思维。

传统的观念和做法往往是前人的经验总结和智慧积累，值得后人继承、
珍视和借鉴。很多传统观念与做法，自有其产生的客观基础，能够长期存在

和广泛流传，也必有其自身的根据。但需要注意和警惕的是，它们有可能会妨碍和束缚我们的创新思维！

无论是在职场工作中还是在日常生活中，我们都不要被过往的经验所束缚，而应该在已有经验的基础上，培养创新习惯，树立变通思维，不断摸索解决问题的新方法。事实上，一个不拘泥于固有观念、思想活跃的人，常常能产生一些新想法，并能以此制造出新产品，打造出新局面。

善于利用创新思维，能够养成创新的习惯，还能很好地应对不断变化的世界。要知道，这个年代，唯一能确定的就是"不确定"；这个世界，唯一不变的就是"变化"。面对众多的不确定，面对纷繁复杂的变化，我们该怎么办？比较可行的办法就是"与时俱进"，通过创新让自己适应变化着的社会需求，以提高自身抵御危机的能力。

原美国陆军参谋长艾里克·辛赛基曾经说过："如果你不喜欢改变，你将会更不喜欢自己的无足轻重。"意思是说，也许你不喜欢改变，但是如果你不改变，你慢慢就会发现，在这时代里，你将变得越来越不重要了，而这可能是你更不喜欢的。

改变是痛苦的，但不改变，未来的后果更严重，更让自己痛苦和无法接受。如果一个老板不喜欢改变，那么这家公司很可能会被这个不确定的时代淘汰；如果一个普通人不喜欢改变，安于现状，时间一长，也很可能会跟不上这个时代的步伐。所以，一定要学会让自己改变，善于利用创新思维，培养自己创新的习惯。这样才能适应这个不确定的时代，远离危机，让自己更好地生存与发展。

第 十 章

Chapter 10

投资勤奋:
用三年的努力付出夯实未来腾飞的基础

01
勤奋是取得一切成就的基础

为什么很多人有理想、有目标、有才华、有背景，甚至有各种资源，却依然没能成就一番事业，没能取得他们想要的成功？其中的很多人最终沦为平庸之辈。问题出在哪里？出在四个字上：不够勤奋。

有些人目标很清晰，思路很明确，计划很周详，学识很丰富，说起方法来头头是道，论起知识来滔滔不绝。然而，他们最大的不足就是不够勤奋，不够努力，做事情"三天打鱼，两天晒网"，付出的行动远远不足以让他们成功。

无论你想在哪个领域成就一番大事业，没有足够的勤奋，不付出足够的努力，都是不可能做得成的。须知，勤奋努力，是取得一切成就的基础。

诸如"天道酬勤""勤能补拙"等成语其实也启示着我们：要想成功，就要勤奋，即便我们没有天赋，但只要在正确的方向上付出足够的勤奋与努力，在正确的事情上投入足够的时间与精力，我们最想要的成功，是一定会实现的。

勤奋努力本身还是一种财富，如果能养成勤奋努力的习惯，我们就能像蜜蜂一样，采的花越多，酿的蜜就越多，然后收获的甜美也就越多。爱迪生也说过："所谓天才，其实是百分之一的灵感加上百分之九十九的汗水。"可见，即使是天才，也需要付出足够的勤奋努力，才能收获成功。

美国的一家收银机公司遭遇财务危机，公司里的推销员听到这个消息后，大多对公司丧失了信心，上班时变得心不在焉，懒懒散散。于是，公司的销售业绩也急剧下滑。销售经理休斯·查姆斯马上把所有的推销员都召集了起来，准备开会解决这个问题。

在会上，休斯·查姆斯让那些之前推销业绩很不错的推销员都分析一下最近业绩严重下滑的原因。

会上推销员根据自己的观察提出了一些想法和建议。不过大概意思都差不多，不外乎就是公司资金短缺，国家经济危机严重，整个社会的消费都陷入低迷，等等。

当会议即将结束时，休斯突然跳到会议桌上，举起双手，大声地说："停！我宣布会议暂停10分钟，先让人把我的皮鞋擦亮。"

休斯的话让在座的人都面面相觑。这时，只见一个黑人小男孩背着一个擦鞋的工具箱进来了。很快，他便来到休斯面前，然后开始认真地给休斯擦起了皮鞋。

小男孩擦鞋技术娴熟，动作迅速，没过一会儿就把休斯的皮鞋擦得锃亮。擦完后，休斯付给了他一毛钱，然后对大家说：

"我希望你们每个人，都好好看一看这个擦鞋童，他拥有在我们整个办公室和工厂内擦鞋的特权。在他之前，有个年龄比他大的白人小男孩也拥有这个特权，他们拥有相同的消费者，可是他们每个月的收入却大不相同。

"虽然公司有数千名员工，但是仍然无法令白人小男孩挣到足够的钱去维持生活。而黑人小男孩却可以挣到相当不错的收入，不但让自己生活得挺不错，每个星期还能攒下一点钱来。请问，白人小男孩挣不到足够的生活费，是他自己的错还是顾客的错？"

推销员异口同声地回答："是他自己的错！"

休斯继续说道："那么现在我要告诉你们，你们现在推销收银机的环境和去年也是一样，同样的地区、同样的对象以及同样的商业条件。可是，你们现在的业绩却远不如去年，这是谁的错？"

"是我们自己的错！"

"大家能承认是自己的错，我很高兴。其实你们的错误就在于，当听到公司遭遇财务危机的谣言后，就不再像以前那么努力了。现在，只要你们回到自己负责的销售区域，保证今后一个月内，每个人至少卖出 5 台收银机，那么公司就不会再发生财务危机。大家愿意去努力吗？"

"愿意！"大家异口同声地说。

会后，每个人都开始努力地去推销了。一个月后，公司整体业绩得到了大幅度提升，公司也就此摆脱了财务危机。

这个故事启示我们，努力才是有所收获的关键，勤奋是取得一切成就的基础。没有付出足够的勤奋与努力，机会再多也无法为我们带来丰厚的回报。当我们付出了足够的勤奋和努力后，才会收获我们想要的回报。

总之，无论在什么行业，勤奋努力的精神永远是我们迈向成功的坚实基础。我们不应该让周围的人看到自己的懒惰，反而应该学会去努力，去为企业、组织或他人着想。这样的行为习惯，虽然不能让我们马上出类拔萃，但却能让我们马上为自己没有虚度光阴而倍感欣慰，为自己曾付出过很多努力而问心无愧。

02

没有谁能阻止你出人头地，只要你一直在努力

如果你什么都不做，成功不可能降临你身上；即使你去行动了，但行动得太少，也很难让成功青睐你；只有你在正确的方向上每天都在进步，每天都比别人多做一点正确的事，经年累月下来，你才会成为命运的幸运儿，脱颖而出，成就自我。

某意大利歌剧团在经理加洛·罗希的带领下，来到巴西进行巡回演出。为了吸引观众，加洛·罗希聘请了巴西著名音乐家、指挥家莱奥波尔多·米盖尔担任乐队的指挥。整个乐团，除了指挥，乐队的其他成员都是意大利人。

没想到，由于种种原因，剧团的首场演出效果不是很好，表演上一些不该有的失误，引来了当地媒体的尖锐批评。负面消息传来后，乐队里的意大利成员都很不开心，认为首场演出不太成功，完全是态度傲慢、才能平庸的巴西籍指挥莱奥波尔多·米盖尔造成的。

面对指责，米盖尔当然毫不示弱，马上在当地报纸上公开声明说，首场演出不太成功，完全是那群自满、懒惰的意大利乐手的错，他们居然还对他出言不逊，他决定从即日起退出该巡回演出。

巡演的第二场要在当天下午上演，但门票在昨天之前就卖完了，印有剧

目《阿依达》的节目单也早已印发了。当巴西观众在报纸上看到米盖尔的公开声明后，都对剧团里的那些外国人很不满，认为意大利人对米盖尔不敬，就是看不起巴西人。结果在第二场巡演的幕布还没有拉开前，剧场内就已是一片混乱，许多观众都嚷着要退票。

现场主持人费了九牛二虎之力，才让观众的情绪稳定了下来。大幕拉开，原来的指挥助理代替米盖尔站在了指挥的位置上。没想到，台下的观众马上又群情激愤了起来，原来大家从节目单上得知，这名指挥助理是意大利人，所以观众要把他轰下台。

指挥助理和剧团经理罗希商量了一下，便下了台。罗希以前也当过指挥，所以他想自己亲自上阵。因为自己的名字没在节目单上，他觉得大概能过关。没想到，他换好礼服后，还没走上指挥台，就有观众认出他来，知道他是剧团经理，同时也是意大利人，所以罗希也被轰了下去。罗希明白，现在只有找来一个巴西籍指挥，才能让快要失控的巴西观众的情绪平息下来。可要想立刻找来一个熟悉整场歌剧的巴西籍指挥很困难。想到这里，罗希烦躁不已却又无可奈何。

就在罗希不知道该怎么办时，旁边有人跟他说："经理，让这个人试一试吧，节目单上并没印他的名字，台下的观众们也都不认识他，但是，整场歌剧的曲子他都记得！"

这个被推荐的人是坐在乐队后排的一位年仅 19 岁的大提琴手。这个年轻人坐的位置是如此的不重要，以至于有人跟他说："反正你坐在最后一排，只需要在演出过程中适时地拉几下琴即可，甚至你在演出时出去看一圈这充满异域风情的夜景再回来，也没有人会发现乐队少了一个人。"

当然，这个年轻人从来没有溜出去过。现在，他就要被推上指挥台了。当他站在指挥台上时，观众把节目单翻得沙沙作响，但却根本找不到这个清瘦的男孩的个人简介。大家想，也许他是一名巴西人吧。于是，台下的观众渐渐安静了下来。

这时，年轻人突然把面前的乐谱合上了，然后开始指挥。见过这种做法的观众一下子就明白了，这个人要凭着记忆去指挥。这一举动很快便震住了台下的观众，全场顿时鸦雀无声，只有《阿依达》的前奏在剧场中低沉、缓慢地响起。

这场演出非常完美。演出结束后，巴西观众得知这个年轻的指挥也是意大利人，但此时大家已被他的才华深深打动了，根本不再计较他是哪个国家的人了。这场 1886 年 6 月 25 日在巴西里约热内卢上演的歌剧在当时整个音乐界引起了轰动。这个晚上，一个音乐史上的传奇人物诞生了。这个名不见经传的 19 岁的大提琴手一炮而红，并不是因为他大提琴拉得有多好，而是因为他指挥得非常完美。

这个年轻人叫阿尔图罗·托斯卡尼尼。当时所有人都觉得托斯卡尼尼太幸运了，这么年轻就脱颖而出，取得了如此大的成功。当记者采访他时，他并没有太兴奋，而是微笑着说："我不认为只是幸运。我 9 岁时就进入了帕尔马皇家音乐学院，跟随卡里尼学大提琴，还私下里偷偷地学钢琴。我还私自组建了一支学生小乐队，自己担任指挥。在 18 岁时，我就以优异的成绩毕业于帕尔马皇家音乐学院大提琴班与作曲班。我的指挥功底主要是靠自学来的。为了能有一天成为一名出色的指挥家，我一直都在努力。而这种努力，我已经坚持了十年，每天都在训练。"

托斯卡尼尼年纪轻轻就出人头地，但他告诉世人，自己能成功，靠的不是天赋，更不是运气，而是十年如一日的努力。这位用一支指挥棒就征服了 19 世纪整个音乐世界的现代指挥艺术的鼻祖，用自己的亲身经历诠释了成功的真谛：我一直在努力！

没有谁能阻止你出人头地，只要你一直在努力。无数成功人士用成功事实告诉世人：要想收获真正的成功，得到自己最想得到的东西，关键的秘诀不是运气，不是技巧，而是一种坚持不懈的成长，一种每天持续的努力。

03
"播种"越多者越容易成功

制造出世界上第一辆真正意义上的汽车，是法国机械工程师吉拉德从青少年时代起的一个梦想。为了实现这个梦想，他一直在努力。其实在他之前，世界上已经制造出了一辆车，是在 1799 年由法国陆军工程师居纽奉陆军大臣舒瓦瑟公爵的命令而研发出来的。

当然，这辆车和我们现在所熟知的汽车不是一回事。这辆车用粗木做车架，装有三个车轮，前轮既是驱动轮，又是转向轮，司机可以通过一个双把曲柄控制方向。这辆车用蒸汽作为牵引动力，被称为"大板车"，主要用来运送军火。

"大板车"的缺点非常明显。由于其锅炉太大，车体笨重，难以操纵，在试车时就曾撞倒过一堵墙。1801 年，"大板车"更是闯了大祸。这一年的某一天，英国人特里维西克开着它去吃饭时，把它停放在了一家小饭店门前的棚子里，没想到它最后竟然因为锅炉烧干而引起了火灾。大火让这辆车彻底报销，还烧毁了一座房子。

吉拉德充分吸取了前人造车失败的教训，认为前人之所以失败，完全是因为他们没有理论指导而只是在瞎干、蛮干，失败就在所难免了。于是，在此后的数十年里，吉拉德潜心研究关于机动车制造的理论。他的研究非常细致，比如哪一种材料最适合制造汽车，他都进行了孜孜不倦的研究。

然而，就在吉拉德不厌其烦地推敲各个环节时，1886年1月29日这天，一个名叫卡尔·本茨的德国人却制造出了现代意义上的第一辆汽车并取得了专利！这位火车司机的儿子，利用高压电火花为发动机点火，安装了汽化器，使用了液体燃料，并用前轮控制方向，使得现代汽车的核心结构就这样被发明了出来。很快，本茨车投入批量生产。1886年1月29日这一天也被定为了"汽车诞生日"。

而吉拉德一辈子也没能实现其梦想，他的梦想一直停留在了一堆图纸上。直到去世前不久他才醒悟过来，然后在日记中写道："世界上没有被计算到最完美、最精确的事物，上帝也从来没有把万无一失、一切到位的福分赐予人类，你必须去行动，你总要去实践，总要在差不多的时候，赶紧迈步前行，否则只会在自己的圈圈里打转。"

吉拉德去世后，有人发现了他所写的关于制造汽车的理论和一部分图纸。根据这些理论和图纸，研究者发现，如果吉拉德能在自己的理论和图纸的指导下去制造汽车，世界上第一辆汽车肯定能在1886年1月29日之前诞生。遗憾的是，世界上没有"如果"！

无论你想实现什么样的梦想，无论你想达成什么样的目标，无论你想收获什么样的成果，你都必须迅速迈出实践的步伐。只有你去真正落实了，才有可能产生你想要的结果。如果都像吉拉德这样，即使理论研究得再完美，梦想也只是空想！这启示我们：天下事并非是在人们的头脑中计算出来的，而是一步步做出来的，有播种才会有收获，有行动才会有结果。

无论你身处哪个领域，如果你想要取得很大的成就，就必须像种粮食那样，把种子播种下去，然后在需要除草的时候除草，在需要施肥的日子施肥，在该除害虫的时候除害虫，然后才会在丰收的季节迎来大收获。如果你只是空想如何种粮食，而没有实际行动，那永远等不到丰收的季节。

如果你想成为你所在领域里最成功的人，就一定要播种下最多的种子。这就是成功学理论里的一条法则，叫"种子法则"。怎么理解这条法则呢？请继续往下看。

细心观察的人会发现：每棵正常的"成年"苹果树每年大概会结 500 个苹果，每个苹果里平均有 10 颗种子，因此，一棵"成年"苹果树大约会有 5000 颗种子。然而，种子的数目如此庞大，但为什么苹果树的数量增加得却没有那么快呢？原来，并非所有的种子都会生根发芽，它们中的大部分往往会因为种种的原因而半路夭折。

在生活和工作中也是如此，我们要想胜任工作、获得成功，就必须经历多次的尝试。这一现象背后的规律，也被称为"种子法则"。

"种子法则"在现实生活中很常见。例如，应聘者参加 20 次面试，才有可能得到一份工作；用人单位组织 40 场面试，才可能聘用到一名合格的员工；跟 50 个人逐个洽谈后，才有可能卖掉一辆车、一套房子或者一辆游艇；交友过百，运气好的话，才有可能找到一个知心好友。

这启示我们，最成功的人往往是那些播撒种子最多的人，是那些敢于尝试、积极行动次数最多的人。换言之，"播种"越多者越容易收获果实，行动越多者越容易收获成功。

04
额外的"投入"往往有倍增的"产出"

杰克和科尔是从小一起玩到大的好朋友，感情好得比亲兄弟还要亲。两人有着相同的爱好，那就是画画；也有着相同的理想，那就是成为著名的画家。然而，其实当时他们的绘画水平一般，也没有别的能赖以生存的技能，所以日子过得很不好，连一日三餐都保证不了，更别说想去买一套画具了。

两人决定先解决生存问题，然后再存一点钱去买画具。于是，他们一起当了搬运工。尽管这份工作又苦又累，但他们觉得最起码能挣到钱，既可以让自己有饭吃，还能存点钱去购买画具，继续画画，也很不错。

等钱存够后，杰克和科尔都买了一套画具。杰克跟科尔说，他们可以利用晚上休息的时间继续学画画，提高画技，总有一天会有人来欣赏他们的作品。科尔欣然同意。于是他们白天当搬运工，晚上则到一些画家家里去请教，并练习画画。但搬运工的工作很苦很累，所以每天干完搬运的活后，他们的身体都累得跟散了架似的。很快，他们对晚上继续学画画这件事情便开始动摇了。

杰克还在咬牙坚持，科尔则开始有选择性地放弃。刚开始时，有些天去学，有些天不去学。他觉得不学一次两次，应该影响不大。但这样做了以后，科尔就开始贪图晚上休息的惬意了，去学画画的时间变得越来越少。最后，他干脆再也不去学画画了！

科尔的做法让杰克心里很难过，在劝了几次都不见效果后，杰克再也不劝了。其实杰克也很能理解科尔的做法，因为他也一样啊：白天干完活后，确实很累，回到家后除了躺在床上睡一觉外，就什么也不想干了！

过了一段时间，科尔彻底放弃了学画，而杰克呢，每天晚上都咬紧牙关战胜自己想放弃的念头，继续学画。于是每天下班后，科尔就回到家里休息，杰克则总是带着疲惫和梦想，继续打磨自己的画技。

时光匆匆，十年过去了，科尔还是一名搬运工，随着年龄的增长，他连搬运工的工作都快要保不住了。杰克这时候已成了远近闻名的画家，各大画廊都在热销他的作品。

在我们身边其实也有像科尔和杰克这样的人。科尔这类人由于各种主观或客观原因，渐渐放弃了对理想的追求，向生活妥协了，选择了得过且过，没有让自己不断成长进步，结果越来越没有竞争力，甚至后来连生存都成了问题。

杰克这类人在追求理想的路上也遇到了无数的困难，但他们咬紧牙关不断努力，不断向理想"投入"心血，终于有一天，收益和回报接连不断地主动来找。

这启示我们，每一份额外的"投入"，在未来都会有倍增的"产出"。想让自己在未来有大收获，现在就必须学会投入。这里所说的投入，主要不是金钱和物质上的投入，而是时间和态度的投入，精力和脑力的投入。

如果你一直都没有什么"投入"，就不可能有什么"产出"。这里说的"产出"，就是你想要的成就。切记，当你没有付出任何东西时，你很难获得你想要的东西。

　　小克莱门斯刚上学的时候，同桌是个金发小姑娘。这个小姑娘每天都会带着诱人的面包来学校。小克莱门斯从来没吃过如此诱人的面包，所以特别想得到一块。尽管他心里很想吃，但每次金发小姑娘问他要不要吃一口时，他都会拒绝。

　　他们的班主任老师是一位虔诚的基督徒，大家都叫她霍尔太太。每次上课前，霍尔太太都会领着同学们一起祈祷。有一天，小克莱门斯很好奇地问她："老师，我向上帝祈祷，我想要的东西他就会给我吗？"霍尔太太说："对啊，孩子！只要你虔诚地祈祷，就能得到你想要的。"

　　霍尔太太的回答让小克莱门斯高兴得不得了，他想，这次自己终于可以吃到诱人的大面包了。于是，在当天放学时，他对那位金发小姑娘说："明天，我也带一块大面包来！"

　　回到家后，他就开始祈祷。但直到第二天早上，他也什么都没有得到。然而，他还是决定坚持每天祈祷，直到诱人的大面包降临为止。

　　每天早上到了学校后，金发小姑娘都会问他："克莱门斯，你的大面包呢？"克莱门斯每次都很难为情地说："也许上帝根本就没有注意到我！每天肯定都有无数的孩子在进行着这样的祈祷，但上帝只有一个，他太忙了，所以没看到我在祈祷！"

　　小姑娘说："祈祷的人原来只是为了一块面包啊？但一块面包用几个硬币就可以买到了。你为什么不去努力赚钱自己买面包呀？"

　　听了她的话后，小克莱门斯决定不再祈祷，他明白了这样一个道理：要得到自己想要的东西，就要通过努力去获得，靠祈祷是永远也得不到的。

　　多年以后，当克莱门斯用笔名"马克·吐温"发表作品时，他曾不止一次地想起过当年那位小同桌说的那番话。从那时候起，他就再也没有向上帝祈祷过，因为在无数个艰难的日子里，他都谨记着这样的道理：在你没有付出任何实际行动之前，别要求获得任何东西；只有勤奋和努力才是真实的，只有自己付出的汗水才是真实的。

总之,无论是杰克的成功,还是克莱门斯的成功,都告诉我们,想要获得自己最想要的东西,就要先投入足够的勤奋和努力;如果想要有倍增的"产出",请先不断做出额外的"投入"。

05
没有一蹴而就，只有持续累积

　　每个人都有梦想或者曾经有过梦想，每个人都渴望成功或者曾经渴望过成功，然而能够梦想成真的却只是少数人。为什么大多数人的梦想最终会沦为空想？为什么成功的只是少数人？因为很多人虽然拥有过梦想，却并没有为实现梦想而投入足够多的勤奋；很多人虽然渴望成功，却从来没有为了获得成功而进行艰苦卓绝的努力！

　　世上从来没有一蹴而就的成功，任何人想要成功，都必须通过不断的努力，才能让量变转化为质变。当质变发生时，就是你成功的时候。无数成功者用他们的经历告诉世人，没有轻而易举的成功，只有持续努力才能实现！而这也是一条最原始又最简单的真理。

　　日本古时候有一个深受日本皇族喜爱的画家，叫贺库塞。有一天，一位皇室贵族请贺库塞为他的一只美丽而珍贵的鸟画一幅画。贺库塞把鸟留了下来，并让贵族一周后来找他。一周后，贵族迫不及待地来到了贺库塞的画室。没想到，贺库塞一见到他便对他说："万分抱歉！请您两个星期后再来找我，可以吗？"贵族同意了。没想到，两个星期后，当贵族找到贺库塞时，贺库塞又求贵族再延长两个月。两个月后，画家再次要求延长交画时间，这次是六个月！贵族非常无奈，但也只好答应。

很快，从把鸟交给贺库塞开始算起，已经过去一年了。约定时间一到，贵族便气呼呼地冲进了贺库塞的画室。他一进画室，就立刻要求贺库塞把他的鸟和画交给他！但只见贺库塞向贵族深深地鞠了鞠躬，然后转向自己作画的桌子，拿起画笔泼墨挥毫。几分钟后，他便画出了一只栩栩如生的鸟，和贵族的那只活鸟几乎一模一样。

贵族看得目瞪口呆，这真是神乎其神啊！不过，他马上就生气了："既然你能用这么短的时间画好，为什么非要让我等一年呢？"

"这你就不懂了，世上没有速成的杰作！"贺库塞说罢，便领着贵族走进了一个房间。只见房间的四壁都贴满了同一只鸟的画，但没有一张能与最后这幅杰作相媲美。正是这房间里的每一张不完美的画，累积成了最后这幅画作的至臻完美。

世上没有速成的杰作。无论是什么样的巨大成功，都不可以一蹴而就，都必须经过不断努力的累积。要成就完美，就必须用好每一分钟，把每一分钟都作为下一分钟的积累；因为每一分钟，都是最后成就辉煌和卓越的必备阶梯。

这是一个被销售员广为熟知的故事。在某个行业里有一位非常成功的推销员，曾连续二十年成为行业内的销售冠军。现在他准备退休了，于是很多人联名请求他在退休前把他的成功秘诀分享给大家。他考虑了几天，最终答应了。他决定在一个能容纳一万人的体育馆里进行一场公开演讲，主题是给大家分享他能连续二十年成为行业内销售冠军的秘密。

演讲当天，会场座无虚席。听众们进入会场后，都被演讲台上的装置搞糊涂了。台上有好几匹马拉着一个大铁架，大铁架上则用铁链吊着一个巨大的铁球。

开始演讲后，销售冠军便问大家："你们想知道我的成功秘密吗？其实很简单。"只见他用一个小锤子轻轻地在大铁球上敲了一敲，隔了一分钟又敲了一敲，就这样，每隔一分钟，他就会敲击一下。不过刚开始时，大家看到的是纹丝不动的大铁球。

由于销售冠军长时间不说话，只是在那里隔一分钟就敲一下大铁球，所以有很多观众便开始愤怒了，他们说自己来这里是想了解秘密的，不是来看这个人戏弄他们的，这简直是一场骗局嘛！于是，他们当中的不少人开始将手中的物品扔上演讲台，发泄不满情绪。

面对台下的阵阵骚动和混乱，销售冠军却镇静自若，依然在台上每隔一分钟就敲击一下大铁球。这时，一位站在旁边仔细观察大铁球的人发现大铁球有了一点点摆动。于是，他把这个变化告诉了大家，台下这才慢慢静了下来。只见伴随着敲击大铁球次数的增加，大铁球摆动的幅度越来越大，到后来竟然像钟摆一样"飞"了起来！于是，整个会场都轰动了！

这时，有些头脑灵活的人已经明白了销售冠军的成功秘密——成功源于他从一点一滴的勤奋努力中创造和积累出成功所需的条件！销售冠军最后只说了一句话："罗马城不是一天就能建成的！"

没有一蹴而就，只有持续累积。想要成就卓越，也许不需要什么深奥的智慧和特别的技巧，但需要像这位销售冠军那样，每天都努力付出，沿着正确的道路勤奋向前，因为积累的力量是强大的。

切记，事物的发展往往有一个由量变到质变的过程，只有量变积累到了一定的程度，才会发生质变。在前进的道路上，我们也许没有惊人的速度，但只要我们不放弃积累，只要我们一步一个脚印，那么我们每向前跨出一步，都会更接近目标。

06

吃亏是一种投资，勤干是一种积累

在当今社会，如果一个年轻人肯吃亏，很可能会被身边的一些年轻人嘲笑是当了"冤大头"；在职场里，如果一个年轻人很勤干，也许就会被身边的某些同事认为是在"做傻事"，或者被认为是爱表现、爱"出风头"。究竟吃亏和勤干对自己有好处，还是只会招来非议呢？如果你去问那些职场资深人士和取得了杰出成就的成功人士，他们一定会告诉你："吃亏是一种投资，勤干是一种积累。"换言之，吃亏和勤干对自己是一种好事！

常听到老一辈的人这样说："吃亏是福！"一个人如果能经常为他人着想，凡事不太计较，懂得宽容与成全，那么，他看似吃亏，其实是拥有了非常好的人际关系，获得了很多人的支持。因此，他办起事来往往能处处获得助力，于是事情便能很顺利地做成。如此看来，吃亏难道不是一种投资，难道不是一种福吗？

米雅一直都是一个很勤奋努力的人。最近她所在的公司正在参加一个服装品牌的夏季推广会，而她正是这次活动的策划。为了能把这次活动策划好，让公司的服装品牌在业界打出响亮的知名度，同时也让自己能在业内收获一点名气，她和两个搭档一直在加班加点地工作，甚至牺牲了好几个周末的休息时间。

推广会进行得很成功，也吸引来了很多客户。其中有一个大客户，按照惯例，这个客户应该是米雅来对接，没想到老板却让她把这个客户转给了公司的另一个同事去对接。老板的说法是，那个同事与该客户的关系更好，让那个同事来负责，拿下订单的把握更大一些。老板希望米雅可以理解和服从大局，为公司做出一点牺牲。

米雅虽然内心非常不满，也很不开心，因为自己的劳动成果就这样眼睁睁地被同事拿走了。但最后米雅还是决定吃下这个亏，大大方方地把客户让给了那位同事。

最后，这个客户的订单被顺利拿下。公司在开庆功宴时，老板特别感谢了米雅，并且对她勤奋肯干的精神以及甘于吃亏的表现很是欣赏。庆功宴后不久，米雅的薪水便获得了大幅度提升，职位也升了两级。

吃亏是一种投资，勤干是一种积累。服从大局，表面看起来是一种吃亏的行为，但其实是给自己前途进行的一种投资。如果一个人甘愿吃亏，乐于吃亏，顾全大局，总是为团队着想，那么这个人肯定会被大家喜欢，迟早会被重用，机会也会比别人多得多。

在社会上，在职场里，有些人总是觉得自己不应该是吃亏的那一个。所以，他们会紧盯自己的小算盘，计算得失，想方设法去保护自己的利益。然而，成功者就不这样想，他们会把眼界放得更宽，放得更远，以长久的发展为目标，宁肯牺牲自己的小利益，也会配合大局势的发展。

也许有些人会觉得这样做很傻。其实这样做不但不傻，还是一种大智慧。这样做，表面上看起来是吃亏了，但是，眼前小小的放弃，会为自己创造更长远的发展和合作的机会，给自己带来更多的利益，如此一来，谁是真傻、谁是真聪明就一目了然了！

有个商人开了一家机电设备销售公司。一天，有个老客户来买某款电器配件，商人找遍货架，也没有找到这种配件。这位客户看起来非常着急，因为拿不到这个配件，他所在的企业就会面临停工，而停工一天的损失将达50万元。

商人一边安慰客户，一边承诺会在一天内把货调来。客户走后，商人亲自赶往供货方所在的城市。没想到的是，供货方竟然也没货了。商人实在没办法，便连夜乘坐飞机赶往生产厂家。在连续联系了五个厂家后，他终于找到了这款电器配件，并联系物流迅速交到客户手上，客户非常感动。但客户不知道的是，这次的交易对商人来说，是一桩名副其实的赔本生意。因为这款配件一件才300元，利润也就30元。

商人为此付出了一大笔的交通费，真的是亏大了。但是，他却得到了客户的信任。只要有机会，客户都会在业内不遗余力地宣传他视客户为上帝的经营态度。就这样，商人吃亏待客户的消息在业内广泛流传，他的生意也随之越来越红火，得到的财富早已经弥补了那笔交通费的损失。

吃亏是一种投资，勤干是一种积累。这个世上一定没有白吃的亏，有付出必然有回报，付出越多回报就会越大。在人生路上，我们总是会遇到很多这种事情。如果我们对每件事情都斤斤计较，不愿意吃亏，不愿意多干，不愿意付出比别人更多的努力，那么最后真正吃亏的必定是我们自己。

每一个成功者都明白这样的道理：不愿意吃亏的人，很难得到大家的帮助；不愿意比别人更勤奋努力的人，很难得到机会的青睐。所以，想要有所作为，就一定要学会吃亏，主动勤干。这从表面上看是吃亏的，但从长远来看，却是最聪明的做法。

07

从平凡到卓越，靠的是坚持每天进步一点点

亨利·瑞蒙德刚在美国《论坛报》担任责任编辑时，周薪只有 6 美元。但是他依然平均每天工作 13 至 14 个小时。在日记里，他曾写道："为了能有成功的机会，我必须比其他人更扎实地工作。""当我的伙伴们在剧院里时，我必须在房间里；当他们在熟睡时，我必须在学习。"后来，他成为美国《时代周刊》的总编。

乔治·齐兹 12 岁时迫于生计便到了一家书店去当营业员。虽然年纪很小，但他已经能够非常勤奋地工作，还会主动去做一些分外事。他说："我并不只做我分内的工作，而是努力去做我力所能及的一切工作，且是一心一意去做。我想让老板承认，我是一个比他想象的还要有用的人。"后来，他成为美国著名的出版商。

有位销售冠军认为，想要比其他同行做得更好，就必须坚持每天比别人多访问五个客户。绝大多数成功者其实刚开始时并不比你强多少，甚至可能还比你差很多。但他们经过勤奋努力的积累，经年累月之后，终于成就了自己。

其实他们每天付出的努力，也不比你多很多，只是多了一点点；他们每

天比昨天的进步也不是大很多，只是每天进步了一点点。然而，从一文不名到功成名就，从平凡到卓越，靠的正是这样每天多付出的一点点，以及每天坚持向前走的一小段路。

荀子在《劝学篇》里说过："不积跬步，无以至千里；不积小流，无以成江海。"意思是说，当量变累积到了一定程度，才会发生质变。这也启示我们，任何人都不要幻想着自己能突然之间就脱胎换骨，功成名就。从平凡到优秀到卓越，靠的不是空想空谈，而是每天一步一步地不间断的进步，不间断地勤奋努力的积累。

每天进步一点点，也许这一点点在你看来很不起眼，可是，它却在为你最终的成功积蓄着必需的力量。一旦你的力量积蓄到足够大的时候，它们就会转变成为连你自己都会吃惊的巨大成就。

20世纪80年代，美国福特汽车公司曾一度亏损了30亿美元。当时公司总裁福特先生打电话给尚在日本的世界著名质量管理专家戴明，说："戴明博士，我们已经被日本的本田打得站不起来了，同是美国人，你是否能来帮我一下？"

戴明博士马上答应了福特，然后从日本回到美国。随后，他给福特公司做了一场演讲，主题叫"每天进步1%"。

听了戴明的演讲后，福特深深地领会到了其中的精髓。接下来，他严格遵循了这一原则，要求公司的每一个员工，务必做到在技术上、服务上每天进步1%。正是这不起眼的1%，最终使得福特公司在经济非常不景气的两年时间里，资产却净增长了60亿美元。

虽然只是每天进步1%，但这个累积的过程也会像滚雪球似的前进。等累积到了一定程度时，这1%所创造出来的，就绝对是一种令人惊叹的奇迹。

千万不要小看一些很小的差距，更不要觉得一点点的进步不值得去努力。无数成功的事实证明，只要你能够每天都比别人多努力付出一点点，多进步一点点，你就能拥有更多成功的机会，你就会不断地登上新的高度。

香港海洋公园里有一条大鲸鱼，虽然重达 8.6 吨，但不仅能跃出水面6.6 米，还能向游客表演各种杂技。有人向训练师请教训练这条鲸鱼的秘诀。训练师说，在最开始时，他们会先把绳子放在水面之下，使鲸鱼不得不从绳子上方通过，每通过一次，鲸鱼就能得到奖励。

渐渐地，他们会把绳子提高，只不过每次提起的幅度都很小，大约只有两厘米，这样鲸鱼不需花费多大的力气就有可能跃过去，并获得奖励。于是，这条常常受到奖励的鲸鱼，便很乐意地接受下一次的训练。随着时间的推移，鲸鱼跃过的高度逐渐上升，最后竟然达到了 6.6 米。

训练师最后总结道，他们训练鲸鱼成功的诀窍，是每次让它进步一点点。正是这微不足道的一点点在积累起来后，居然取得了如此惊人的进步。

每次进步一点点，贵在每次，也难在每次。相传，古代蒙古人在训练大力士时，也采用"每次进步一点点"的办法：他们让小孩子每天抱着刚出生不久的小牛犊上山吃草，小牛犊这时往往不过十多斤重，孩子们完全能轻松胜任。这样，随着牛犊的一天天长大，孩子们的力气也越来越大，最后，当牛犊长成几百斤的大牛时，孩子们也练出了力能举鼎的神力！

每次进步一点点，只要能每天都坚持不懈，就能拥有举起几百斤甚至上千斤的力量！无数事实证明，每次进步一点点，每天进步一点点，是成功最大的秘密。

很多人终生一事无成，往往不是因为没有能力，而是不肯去干，或者缺乏耐心，看不上每天进步一点点，整天想着急于求成，总想一口吃成个胖子，结果放弃了每天进步一点点的勤奋和努力，从而也就放弃了希望，放弃了成功。

要成功，就必须积极主动、勤奋努力、全力以赴、每天进步一点点地做正确的事。长此以往，累积到一定程度，你一定能从人群中脱颖而出，发出钻石般夺目的光彩！